U0303532

探索 · 新知系列

几 率

——运气、随机和概率背后的秘密

〔英〕迈克尔 · 布鲁克斯　编
冯永勇　金泰峰　译

商务印书馆
创于1897 The Commercial Press

Michael Brooks

CHANCE: THE SCIENCE AND SECRETS OF LUCK, RANDOMNESS AND PROBABILITY

据 Profile Books 出版社 2015 年英文版译出

目 录

引言

1989 年，一位名叫理查德·希尔（Richard Hill）的青年行至英格兰北部的曼彻斯特市，在他朋友的朋友的家住了一晚。第二天，那位朋友的朋友的母亲安（Ann）刚巧要南下去牛津，表示可以捎理查德一程。理查德欣然接受。

路上，理查德提及他家在附近一个名为斯温登（Swindon）的小镇上。“哦，”安说，“那你认不认识一个叫迈克尔·布鲁克斯（Michael Brooks）的人？他也住在斯温登，今年快二十岁了。”

理查德想了片刻，然后回答：“他和我妹妹订婚了。”

“是吗，”安回答，“他是我继子。”

自从我周岁之后，我便再也没有见过我的父亲——安的丈夫。然而恰巧，我表哥住到了我父亲的家里。恰巧，我父亲的妻子第二天也要往南边去。恰巧，这一段对话引出了以上几人之间的神奇关联。

我相信每个人都遇到一两个类似的事情。这些事情极难解释，而我们总是会忍不住去设想它们背后蕴藏着的某些意义。理查德、安还有我——感谢那个巧合，我们三人如今经常联系——至今都不知道这一场巧合是如何发生的。这仿佛是支撑着我们生活的某种基本的支点。但真的如此吗？

若想要回答这个问题，我们必须了解这些“巧合”的本质。而事实上，这比我们想象的要困难许多。

“这得有多巧？这个概率有多大？”我们每天都会这样问，不论身处何方。通常，我们并不知道答案——至少不会很准确。看一看作家阿里·比纳奇（Ali Binazir）的计算结果：他声称，考虑从你的父母相遇相识、卵子受精到人类寿命等这一过程的所有因素，你存在于世的概率只有 $10^{2685000}$（1 后面跟着 2685000 个零）分之一。[①]

乍一看，这个概率简直不可思议，甚至令人敬畏。但它同时也毫无意义：你的存在是基于以上那些已然发生的事件的结果，不论一对男女坠入爱河或某一个精子冲入卵子内部的可能性有多大。世上每一个人的存在都是如此。因为不存在所谓“没有出生的人”，所以也就没有办法计算你存在的概率。虽然我不喜欢这么说，但你绝不是像比纳奇所说的那样，是一个奇迹。你只是人类进化发展历程中的普通一环。

我并不是说我们可以否定概率在这个宇宙中所扮演

① 原文为“10 后面跟着 2685000 个零”。按照数字更正了表述。——译者注

的角色。毕竟，它是物理定律中最为基础的一部分。若深入分析万事万物运转的机理，你会发现你不可避免地与量子理论打交道——这一理论描述了微观事物周围的世界。这些组成其他一切物质的砖瓦——原子、电子、质子（以及组成了质子的夸克）都遵循着量子物理的定律；而这些定律，从各种意义上讲，都不能算作是定律。量子理论的核心深处不存在因和果。假设我测量某一个物理量，例如电子的自旋，它要么是顺时针方向，要么就是逆时针方向的。但，每一次测量的真正结果完全无法预知：它呈现明显的随机性。科学史上最著名的一句话正是爱因斯坦对此的反应，他拒绝相信这就是宇宙运行的规律。他对物理学家尼尔斯·玻尔（Niels Bohr）说："上帝不掷骰子。"

玻尔的回应很高明：他指责爱因斯坦竟敢对上帝指手画脚。而他是正确的：我们天生的直觉——任何结果必有其因——是不可靠的。为了在危机四伏的土地上存活，这一直觉伴随我们走过了数百万年的进化历程。看到远处的灌木晃动，我们的祖先更愿意相信那儿有一只饥肠辘辘的老虎，而不只是乐观地认为树叶在凭空沙沙作响。准备逃命并不总是必要的，但没有比这更好的例子来说明生存优先的法则了。

出于同样的理由，巧合令我们放松，让我们给本不重要的事情强加某种深刻的意义。看到派对上两人的生日相同，天真的我们会感到惊讶：又一个“这该有多巧？”的问题。然而，如果一间屋子里至少有23个人，统计学告诉我们，其中有两人同一天过生日的几率是相当大的。

我们有必要提醒一句：在派对上给别人计算过生日的概率并不会让你成为万众瞩目的主角，而只会扫了兴致。这是因为，正确地计算概率需要耗费相当多的精神，派对恐怕并非做这件事的最佳时机。然而，概率绝不只是拼命思考：它是通往无穷乐趣，甚至是预料之外的成功的大门。

理解人类大脑思考概率的方式，你将成为下一个世界猜拳大赛冠军。理解了其中的数学原理，你就可以通过在足球比赛中下注而赚得盆满钵满——谁赢得比赛并不重要。你甚至可以走进赌场并（至少在短时间内）叱咤风云。深入了解那些运气绝佳或厄运缠身之人身后的谜团，你将会发现自己也能获得幸运女神的眷顾。

莎士比亚笔下的罗密欧便是“命中注定之恋人”的典范。他称自己是“命运的小丑”，生来便注定要被命运玩弄。但科学家们可不会干坐着等候命运来决定自己是否足以获得诺贝尔奖。相反，他们会仔细分析自己发现全新事物的可能性，并有针对性地调整策略，将寻觅新知的机会最大化。路易·巴斯德（Louis Pasteur）的论点“机会只留给有准备的人”并非虚言，且历经了千百次的验证。

或许法庭是应用概率最严肃的地方了。若你曾是陪审团的一员，你便明白基于极为有限的信息做出改变某个人一生的决定是多么不愉快的经历(唯一的欣慰便是，那个人并不是你自己)。一目了然的案件少之又少，陪审团通常需要依赖各成员对可能性与概率的判断下定裁决。即便是经验丰富的证人也有可能出错；那么，有人试图改变我们在法律案件中处理概率的方式便是毫不奇怪的了。

在本书中，你将看到包括此在内的许多革命性进展。例如，我们会反抗那些对数字化的世界提出的尖锐批判，并将些许的情趣与不确定性重新加入你的生活中。你将学会如何把惊喜当作一种武器，以及怎样才能最快地找到丢失的车钥匙。你还会面对有关自由意志的问题(你的意识真的听命于你吗？)，以及宇宙的命运到底有没有被确定。但你会回到宇宙大爆炸过后的最初时刻，对于那一场塑造了你，以及整个世界的意外有一丝理解。

巧合无处不在，过去如此，现在亦如此。它存在于形成了银河系的原初量子涨落里；它激发了基因序列的随机突变，由此诞生了能够借由葡萄糖供应能量的最初的人类大脑；它甚至可能帮助了这本书落到现在的你的手中。或许，是你的朋友或爱人心血来潮买来送你；或许，是你刚刚错过一列火车，溜达到候车厅时，偶然看到一份旧报纸上碰巧刊登了本书的书评；或许，是你在书店或图书馆信步闲庭时，正好发现了这本书——这些都不重要。真正重要的是，你抓住了这个机会，并决定继续读下去。你即将饱食一顿丰盛的智慧大餐，而且这可能正是那未曾预料、无心插柳、却改变一切的关键瞬间。若机会真的偏爱有准备的人，你便是那个幸运儿。

迈克尔·布鲁克斯

1 活着真幸运

——从宇宙大爆炸到人类诞生的巧合

我们即将开始探寻巧合的旅途。我们会追踪每一个巧合，从宇宙的诞生，到你我等人类的形成。当然，每一个人在世上都是独一无二的。当看到兄弟姐妹的时候，你是否曾好奇于你们之间的差异？你们虽然可能具有相同的基因源，但并不是一模一样——即便对于双胞胎而言也是如此。碱基序列的随机扭曲和倒转使你成为宇宙中独一无二的存在。对于人类进化的历程而言，这一点似乎同样成立。这是一场不同寻常的旅行，每一次的成功都是侥幸。宇宙中物质或是一颗气候适宜生命繁衍的行星的存在并不是必然的。同样地，生命——尤其是复杂生命——以及物种的诞生与存活也不是命中注定。当我们抵达让人类演变成现在这个模样的那一次偶然突变之时，你或许会惊叹，你在世界上的存在就是一个美妙的奇迹。

宇宙大彩票

斯蒂芬·巴特斯比　戴维·志贺

宇宙本身，实际上，是一种巧合。

在我们的宇宙诞生之前发生的巧合仍停留在设想的领域内。目前可以确定的是，大约在 138.2 亿年前——或许差个一两尧秒[①]——宇宙正在琢磨自己究竟要变成什么样。

如果目前有关宇宙起源最流行的模型是可信的，上面问题的回答便是“变得很大很大”。根据宇宙暴胀理论，诞生之初的宇宙里弥漫着一种叫作暴胀场的东西，它在约 10^{-32} 秒的时间内，驱动宇宙以指数的形式迅速膨胀，将其抹平、均一。

这个理论解释了宇宙中某些用其他方法难以解释的特性。但人们真正关心的问题是，这个暴胀场虽然本质上应是均一的，但实际上在空间的各个点处并非相等。随机的量子涨落可以解释这一问题：它让空间内的密度不是那么平均，或许某个地方更致密一点点，而另一个地方就稀疏了一点点。这些微的差异对于我们来说是一大幸事：若

① 一尧秒（yoctosecond）$=10^{-24}$ 秒。——译者注

场是完全均一平滑的,那么宇宙的模样将与现在大相径庭,它将是索然无味、并且几乎一定是没有任何生命的。实际的故事是,其中一个随机产生的量子噪声,经由引力的放大,发展并最终凝聚形成了如今夜空中名为室女座超星系团的巨大星系和星团群。在室女座超星系团内部的无数纤丛中,有一缕散乱而模糊的团簇,被称为本星系群(local group),我们的家园——银河系——便在其中。

多亏了天文学家,我们才得以知道这些。遥望宇宙深处,他们能够看到宇宙微波背景辐射的斑驳图案。它相当于一张快照,记录了宇宙大爆炸发生大约38万年后,当第一个稳定的原子形成时,宇宙膨胀和内部凝固的进程。图案中的变化形式看上去完全是随机的,绝大多数的科学家认为其原因是量子涨落,至于后者又是从何而来,人们不得而知。在所有幸运的巧合中,这一个或许是最为奇妙的。

随后,物质诞生了。它们的存在本身便是奇迹般的巧合:宇宙本来可能永远充满了辐射。暴胀过后,宇宙仍然极为炽热而致密,里面到处都是物质和反物质粒子——电子、正电子、夸克、反夸克,等等——它们没完没了地飞来飞去。等到真正能够形成恒星、行星以及生命体的稳定粒子出现,还要好久好久。而最让人不安的是,乍一看去,物质和反物质粒子几乎一样多,这足以令我们倍感惶恐。

标准理论认为,在大爆炸之后产生的物质和反物质是等量的。当物质与反物质接触时，二者会湮灭形成一对高能光子。若是如此，如今的宇宙中应该只留有香草味的辐射。如果我们想要存在于世，物质和反物质必然有一方要多出来一些——毕竟你不能用光子来造出一个行星或一个人。

幸运的是，在大爆炸刚结束后的某一时刻，一种机制使得物质的产生更受眷顾。物质粒子比反物质粒子总体上要多了仅仅十亿分之一——虽然看上去很少，但足够形成如今方便而宜居的物质世界了。然而，这一神奇的机制是哪里来的呢？

在某些粒子反应中，存在着偏向于物质产生的不平衡。然而这种不平衡太轻微了，不足以产生哪怕是如此之小的差异。于是，物理学家们假设存在一种更为强烈的不平衡，它来源于某个粒子物理标准模型之外的未知过程，并且一定发生在早期宇宙普遍呈现的超高能量态中。

目前，越来越多的人认为这个“前物理”（über-physics）过程是不唯一的，不同宇宙中的情况可能不尽相同。若是如此，我们这个小小的可观测宇宙可谓足够幸运，它能够存贮一定量的物质，而其他宇宙很有可能只是一片充满辐射的不毛之地。

物质并不是这个巧合物理过程的唯一幸运产物。若稍有偏差，宇宙的密度很有可能过于巨大，而最终坍缩成为黑洞；或者，宇宙中可能会充满暗能量，将一切结构撕裂。

这么看来，诞生出一个最终适合人类居住的宇宙不能不说是一个稀世奇观。

下一个巧合是空中火焰的出现。现在我们知道，物质已经出现，而宇宙也逐渐冷却，稳定的原子和分子很快形成。又过了一亿年，第一批恒星——巨量氢和氦的集结体——出现了。它们只燃烧了短暂的一段时间，便在爆发中消亡，留下了一批更重的元素，这些元素便是日后形成的其他恒星与星系的原材料。然而，太阳系的产生可没这么简单。

宇宙大爆炸发生后过了约 90 亿年，在我们现在所处的这片宇宙空间附近聚集了丰富的氢、氦以及少量的尘埃。不过，若想要做些进一步的事情，它们需要额外的刺激：一个火花，以点亮气体云的内部。

它们终于盼来了这个火花。火花身世的秘密藏在陨石里。与地球上被反复融化并混合在一起的岩石不同，陨石自从随太阳系一同诞生之日起，便几乎未曾改变，因而得以保存太阳系形成早期的化学物质。

2003 年，在印度的毕闪普尔（Bishunpur）镇，人们发现了一块陨石。这块陨石的特别之处在于，它的内部含有大量的 ^{60}Fe——铁的同位素，半衰期约为数百万年，衰变产物为 ^{60}Ni。由于 ^{60}Fe 的寿命很短，它在星际尘埃中的含量极少。毕闪普尔镇内发现的这块陨石表明，我们的太阳系形成于更为富饶的空间里。

目前有两个理论可以解释这一现象。一个理论是，这团额外富饶的气体云与附近的一场超新星爆发有关。这类剧烈的星际爆炸是目前已知的少数几个能够产生大量重同位素（如 ^{60}Fe）的行星际事件之一。超新星爆发时产生的冲击波或许压缩了原初的星云,引发了太阳和行星的形成。

另一种可能是，太阳系的形成过程要更为温和。一个足够大的红巨星同样可以产生与超新星爆发相当数量的 ^{60}Fe，并同时产生符合陨石内所记录比例的其他放射性元素。这些元素被嵌入恒星深处，通过对流输送到表面，并乘着强劲的太阳风喷射进入宇宙空间——同时再次将沿途的气体云搅在一起。

天文学家认为,超新星爆发是最有可能的解释。然而,不论是爆发还是喷射，我们需要记住的是：太阳只是我们需要感谢的恒星中最为显眼的一颗，其他没那么出名的星星应同享这个荣誉。

巧合清单上的下一个偶然事件是月球的形成。这要归功于在太阳系形成早期，地球周围仍是乱糟糟一片，大大小小的石块沿着不规则的轨道到处乱飞。大约 45 亿年前,其中有一块差不多火星那么大的石头狠狠砸中了地球。撞击的后果是一次彻底的重组：部分撞击物留在了行星上；另一部分携带着行星上的一些物质，被炸到环绕地球的轨道上，并在那里形成了月亮。

这个事件听上去不太吉利。然而事实并非如此：形成的这颗卫星与其环绕的星球相比大得不太寻常。太阳系的其他行星上可没有这么大块头的卫星，实际上它们的卫星都很小，要么是环绕物缓慢堆积形成，要么是被捕获的小天体。

即使在太阳系外，这一景象也是相对罕见的。斯皮策太空望远镜（Spitzer Space Telescope）告诉我们，其他太阳系内发生的巨大碰撞会产生大量的尘埃。然而，尽管我们的确找到了若干个类似的充满尘埃的行星系统，发生足以形成月球般大小天体的碰撞的概率也只是5%~10%。实际上发生的碰撞次数可能远小于此。

这件事为什么如此重要？因为月球的大小提供了一个平稳的引力，来帮助稳定地球自转轴的倾斜，或称倾角（obliquity）。倾角的稳定能够防止太阳加热行星表面的模式发生剧烈变化，这一变化会导致形成极端的气候振荡，包括频繁的冰河期。这对地球上的我们而言可是一件大事。如果没有月亮，倾角就会大幅改变，适宜陆基复杂生命繁衍生存的环境也就不会存在。

地球上的生物还欠另一个随机的天文事件一句感谢：陨石的打击。这场打击发生在约39亿年前，被称为晚期大规模轰击（late heavy bombardment）。这个突如其来的行星“弹珠游戏”究竟是因何而起，目前尚不得而知。最有可能的答案是，它是被太阳系内的四颗巨行星——木星、土星、天王星和海王星——之间的争斗触发的。土星和木星轨道的轻微漂移最终使土星的公转周期变得恰好是木星的二倍。这一引力“共振”影响了所有四颗巨行星的公转,并将它们身边的彗星和小行星甩到了太阳系的内侧。

晚期大规模轰击给地球创造了极为严苛的条件。“想象一下地球表面有一块熔岩池，差不多和非洲大陆一样大。”科罗拉多大学（位于博尔德）的一位地质学家斯蒂芬·莫伊吉斯（Stephen Mojzsis）说。然而据爱丁堡大学的天体生物学家查尔斯·科克尔（Charles Cockell）解释,一旦它们冷却下来,撞击坑便是生命形成繁衍的绝佳环境,因为余热可以驱动岩石内循环热水中的化学反应。

莫伊吉斯补充道，另外一种可能是，若生命已经开始演化，陨石轰击会改变其进化路线，只留下那些最能承受高温环境的微生物存活。“这就是生命的历史：大规模的灭绝导致新型生命的诞生。”

于是如今，我们作为渺小的生物，在一片极为寻常的星系——否则可能会是广袤无垠的宇宙中无从分辨的某一区域——中，围绕着一颗不起眼的恒星，生活在一个微不足道的星球上。而这一切是如何开始的呢？巧合而已。

生命的诞生

保罗・戴维斯

在一系列巧合下，地球准备开始孕育生命了。但这又带来了一个新问题：生命一定会诞生吗？答案可能藏在一个出人意料的领域：计算科学。

我们是独一无二的吗？生命在宇宙中是随处可见的吗？这个问题十分重要。研究人员正在搜寻其他天体系统中类似地球的行星（目前已取得一些进展），主要就是为了发现外星生命。许多人猜测，只要符合与地球相似的条件，生命最终一定会诞生，这种观点被称为生物决定论（biological determinism）。然而，从已有的物理、化学或生物学的定律中，很难找到支持这一观点的证据。若我们严格按照已有的科学定律来解释宇宙的运行，将会令人信服地得出生命只能依靠奇迹诞生——以及因此在其他任何地方都极不可能发现生命的结论。

话虽如此，那些希望与外星人亲密接触的朋友们也不必绝望。研究结果很有可能会为生物决定论正名，从而增加我们在宇宙中找到邻居的机会。

这一领域在 1953 年首次有了突破。芝加哥大学的哈罗德・尤里（Harold Urey）和斯坦利・米勒（Stanley

Miller）试图在试管中再现原始地球的环境。他们发现，在一团混合了甲烷、氨、水蒸气和氢气的气体中放电后，氨基酸——用于制造蛋白质的基本单元——会在其中形成。米勒－乌雷实验被誉为实验室制造生命的第一步：许多化学家设想随着时间的推移，能量不停注入满是化学物质的汤水里，“目标生命”最终会出现在漫长道路的尽头。

然而，这个想法很快便碰壁了。产生构成生命物质的基本单元并不难——实际上，氨基酸已经在陨石甚至外太空中被发现。然而，正如砖瓦不会自己堆砌成房子一样，氨基酸的随机排列组合也不会组成一个生命体。这些构筑生命的砖块必须以极为复杂而精密的顺序组合在一起，才能行使生命所需的功能。若想要形成蛋白质，无数氨基酸分子必须以正确的顺序排列成长长一串——从能量的角度来讲，这是一个“耗能”的过程。

若是仅从能量角度来看，这也不是问题。早期地球上有着相当多的能量源。问题是，正如被炸飞的一堆砖块不会恰好落成一栋房子一样，简单地向氨基酸中注入能量也不会让它们自动组合形成具有高度复杂结构序列的精巧的链式分子，而可能只是乱作一团。

能量需要以一种特定的方式被注入系统中。在一个具有活性的生物体内，这一过程受控于细胞内错综复杂的分子机制。然而在混沌的、尚不具备生物活性的化学汤水中，氨基酸分子只能听天由命。虽然氨基酸分子可以根据大自然的规律被创造出来，巨大的、并且高度分化的分子（如蛋白质）则显然不能。

现在我们明白了，生命的秘密不是藏在那些基本的化学物质中，而是在于分子的逻辑架构和组织排列中。DNA 是基因数据库，基因则是用于制造具有特定结构和功能的蛋白质、并间接地生成其他生物分子的指令手册。生命是一个处理信息的系统，宛如一台超级计算机，这意味着它具有某种特定的组织复杂度。细胞的硬件组成并不神奇；它内部的信息内容，或者说软件，才是真正的谜团。

若想要描述生命的计算本领，没有比基因序列更恰当的了。所有已知的生命形式都是基于核酸与蛋白质——两类从化学上看相去甚远的分子——之间达成的一个协议。DNA 和 RNA 两种核酸存储信息，而蛋白质负责绝大多数的工作。这些分子演绎着生命的诸多奇迹，然而若独立开来，它们又是毫无作用的。为了制造蛋白质，核酸找来了一个聪明的中介，来协助构建信息编码通道。

著名的双螺旋结构 DNA 像一架梯子，由四种不同的梯级组成。信息正是储存在这些梯级的序列中，类似于指令手册上印有的一串串字母。蛋白质由 20 种不同的氨基酸组成，只有将正确的氨基酸以正确的顺序连接在一起，才会得到正确的蛋白质。

地球上所有已知的生物都使用同一套编码，将 DNA 中四个碱基字母排列形成的基因信息翻译成蛋白质使用的 20 种氨基酸。而对于不可阻挡（或者相反）的生命起源，核心的问题是：这套灵巧的编码系统是如何诞生的。愚蠢的原子究竟是如何自发地写出了它们使用的软件，让第一个活细胞产生并运转所需的特定形式的信息又是从何而来？

没有人知道答案。不过历史上，科学家分成了两个阵营。一方认为，这一切的发生都只是偶然——生命不过是一场极其罕见的化学巧合的结果。我们不难算出一团随机的混合物内的化学分子恰巧排列成所需的特定顺序的概率，得到的数字将长得惊人。如果生命真的诞生于巧合之中，在可观测宇宙内，它确实只可能诞生过一次。

与之相反，生物决定论者认为，这些概率是次要的，恰当的分子形成于自然规律的约束下。例如，美国生物基因学先驱悉尼·福克斯（Sidney Fox）称，是化学规律让这些氨基酸分子排列成正确的顺序，以使它们具备生物功能。若是如此，这就像是在冥冥之中有着一种偏见——甚至是阴谋——来支持生命物质的诞生。物理和化学定律中隐含着生命的蓝图——这种说法是可靠的吗？生命的关键信息如何会藏匿于这些定律之中？

为了更清楚地表述这一问题，我们需要对生物的基础信息的内涵进行更仔细的思考。有一个现象十分重要：富含信息的结构通常是缺乏规律性的。算法信息学（数学的一个分支）对此给出了最为清晰的描述，该理论通过将信息视为计算机程序或算法的输出而量化其复杂度。

考察以下二进制序列：10101010101010101010……。我们可以用一条简单的指令"将10输出N次"得到这个序列。输入的指令比输出的结果短许多，表示着输出序列具有某种重复性的模式，且该模式易于描述。因此，输出的结果只含有极少量的信息。

让我们来看另一个二进制序列：11010100101001011 1……。这个序列很难用少量简单的指令描述，因此它含有更多的信息。若DNA的职责是有效地储存信息，它的"梯级"序列便不能具有太多规律性，因为规律意味着信息的冗余。生物化学家证实了这一猜测。目前人们完成了基因组测序的物种，它们的基因序列看上去完全只是四个字母的随机排列。

基因组序列杂乱无章的特性与生物决定论相抵触。物理规律可以预测有条理的结构，而不是随机的事物。比如说，一块晶体，便是原子在空间上形成的周期性阵列结构，就像上面给出的高度重复的二进制序列一样，因此它几乎不携带任何信息。晶体的构造是完全可以通过物理定律再现的，因为这些定律蕴含的数学对称性决定了其结构的周期性。然而，蛋白质内氨基酸序列的随机性，以及DNA阶梯上"梯级"序列的任意性，则无法由物理定律加以描述，就像物理定律无法自己造出房子一样。

它们同样无法通过化学定律再现。对DNA结构的检查可以直观地反映这一事实。每一个梯级都是由两段组成的，二者像锁和钥匙一般紧密结合。它们之间的成键以及它们与梯架的连接受到化学规律的控制，但相邻梯级之间并不存在化学键。化学不关心那些梯级谁在前谁在后，只要生命愿意，它完全可以随意交换它们的位置。指令手册上字母的顺序与形成了纸张和墨水的化学成分毫无关联；同理，DNA 中构成了信息的“字母”也与核酸的化学性质无关。正是生命不受化学规律束缚这一能力赋予了它强大和灵活。生物决定论者或许会猜测，存在一种化学上的限制，来约束而非拓展生物性创造力。

若生命的诞生意味着挣脱了化学的束缚，我们便无法用化学来解释生命。但哪里还会有其他的解释呢？生命，说到底，是一种对复杂信息的处理。那么，我们到信息论和复杂性理论的领域中寻求解答，便是可以理解的了。

既然（到目前为止）生物信息并不是以物理或化学规律表述，它从何而来？人们相信，信息无法自发地产生（或许除了一些特例，比如宇宙大爆炸），于是生物系统的信息必然来源于它们存在的环境中。虽然眼下没有任何已知物理定律能够从虚无中产生信息，但或许会有某种机制可以解释信息是如何从环境中凝练出并积蓄于大分子中的。

达尔文的进化论提供了一种手段。地球上的生命从简单的有机体开始出现，它们只具有很短的基因组，携带的信息量也相对较少。更复杂的生物具有更长的基因组，存储着更多的信息。增加的这部分信息通过自然选择的过程从环境中流入基因组：当某一基因组被选中（根据基因与生物体之间的“契合度”），信息量便增加了。进化论可借此解释生物是如何获得信息的。然而它只能在生物诞生之后才开始起效。在那之前，自然选择是如何产生影响的呢？

一些生物化学家认为，答案便是某种分子进化论。他们设想在一锅由化学物质组成的汤里，分子不停地复制自身。虽然单单一个分子看起来并不符合大多数人对生命的直观定义，然而若它们之中存在异化和选择过程，则依然可以由某种进化机制加以解释。支持这个“一路进化到底”理论的人提出，第一个被复制的分子或许足够简单，复制过程可以是完全偶然的。

问题是，我们所了解的大分子的复制过程仅限于那些参与了生命活动的物质分子。几乎可以肯定 DNA 不是在彻底的巧合中诞生的。即便是它的结构更简单的近亲 RNA 也很难变得足够长以获得生物活性。另外，越是短的核酸分子，在复制时越容易出错。若错误率过高，信息的流失速度便大于自然选择过程将其汇集的速度，进化也将趋于停滞。易于出错的分子不利于信息的积累。

因此，为使分子进化论发挥作用，大自然必须提供原本以供复制。这个原本要足够简单，以在偶然间形成；要足够敏捷，以能够准确复制，并且与众多变种（而且是同样优秀的原本）竞争抉择。它们虽然不一定是核酸，但为了解释我们所熟知的生命，它们最终必须形成核酸，并将复制功能过继给后者。

于是从效果上看，分子进化论仍然在生物决定论中作祟。自然定律需要能解释那些具有以上全部特性的分子是哪儿来的，同时这些复制原本的进化道路必须最终通往核酸。否则，我们所了解的生命仍然只是神奇侥幸的产物。

那么，我们只能承认生命是一场极为罕见、在整个宇宙里只可能发生过一次的化学意外的产物吗？并不尽然。即使生命没有被写入任何已知的物理、化学或进化理论的描述中，有一类生物决定论仍然可能是最终答案。物理或化学定律或许是用来解释生命的硬件部分——构成生命的物质，但核心的软件部分，或者说信息成分，是可以从信息理论中得出的。

“信息”这一概念着实有些模糊，不过一个初生的事物总是如此。两个世纪以前，能量同样是一个暧昧的名词。科学家凭借直觉感受到了它在物理过程中的重要性，但缺乏数学上严谨的定义。如今，能量作为一个真实且基本的物理量已被广泛接受，因为我们对它有了足够的了解。信息至今仍让人费解的部分原因是，它在众多的科学领域中都会或多或少、改头换面地出现。在相对论中，信息无法比光传播得更快。在量子力学中，一个体系的状态被它所具有的最大信息量加以描述。在热力学中，当熵增大时，信息量会下降。在生物学中，一段基因是一套包含着信息的指令，用于执行某个特定的任务。

我们对信息的了解主要源于人类的话语。信息论里的标志性研究是美国电子工程师克劳德·香农（Claude Shannon）在第二次世界大战期间对电磁噪声环境下无线电通讯的分析。然而，信息动力学中至今并不存在任何基础定律，科学家们甚至无法对物理过程中信息是否守恒的问题达成一致意见。当一颗恒星坍缩成黑洞（并且最终蒸发消失）时，恒星携带的信息哪里去了：它丢失了吗？还是说以某种方式逃出来了？这个辩论持续了数年。

然而，另一领域里的研究为这个问题提供了一个诱人的思路。一直以来，生物化学家将构成生命的分子看成是一块块粘在一起的砖瓦。实际上，分子水平的结构和连接遵循量子力学的原理。现在，物理学家已将信息的概念拓展至量子领域，并取得了一些惊异的发现。其中之一便是，量子系统能够比传统的计算系统更快地处理信息，速度几乎是以指数增长——这为量子计算机的研发奠定了基础。

生物遗传学之谜，实际上是计算的奥秘。它要求大自然从无数化学物质的选项中找到一个特定类型的分子系统，而其余选项在生物上都是毫无用处的。这会是“形成”物质并将其置于量子物理不同寻常的框架下生命成长道路上的关键起始吗？对此人们尚无确定的回答，但如果它是真的，那么生物决定论或许会最终接受一个信服的理论约束，为广受大众欢迎的信念正名：我们居住的宇宙欢迎更多的生命，我们并不是孤单的。

奇迹般的并合

尼克·莱恩

生命的出现或许是不可阻挡的。然而，复杂生命的出现绝对不是。即使地球上最简单的生命形式——比一小包化学物质多了那么一丁点——自从出现之后完全没有进化，那也是完全有可能的。你体内构造复杂的细胞，及其内部的隔间和其他复杂的支撑结构、运输小分队还有精巧繁复的机构，都有可能未曾形成。然而，在20亿年前的某一天，发生了一次意外。后果呢？就成为了你。

我们这些复杂的生物是十分稀有而幸运的品种。如果说简单如细菌的细胞生物在宇宙中无它处可寻，将是不可思议的。有机分子形成于最为普遍的物质——水、岩石、二氧化碳——之间的反应，且从热力学的角度上看，这一过程几乎是必然发生的。所以，早期地球上出现的单细胞细菌绝不是统计意义上的偶然，而是一种必然。然而，如果我的研究是正确的，复杂生命的诞生则绝非如此。它只是在40亿年前的某一天突然出现，这都要归功于一次罕见而随机的事件。

归根到底，这些都关乎能量。生物仅仅是为了生存，便要消耗巨大的能量。我们吃下的食物会转化成名为

ATP（三磷酸腺苷）的燃料，为所有活细胞供能。这个燃料会持续被回收利用：在一天时间里，一个人体内会产生 70~100 千克的 ATP。如此多的燃料都是由酶制造的，它们是生物催化剂，历经千万年的调整与改良，以从反应中榨取最后一滴可用的能量。

为第一个生命体供能的酶应该没有现在这般高效，所以第一个细胞必然需要更多的能量——或许是现在细胞的数千甚至数百万倍——来生长并分裂繁殖。在宇宙的其他角落应该同样如此。

对能量的需求通常没有被纳入生命起源的考虑之中。地球上从一开始便存在的能量源是什么？闪电或紫外辐射等老掉牙的想法算不上是好的回答。不仅如今没有任何活细胞能够通过这种方式获得能量，而且这些能量很难集中在某一个位置上。最初的生命定然不会自行去寻找能量，故它一定是诞生于一个能量富集之处。那是在太阳下吗？现在大多数的生物得到的能量最终都可以追溯到太阳。但光合作用是非常复杂的过程，恐怕无法成为原初生命的源动力。

那会是什么呢？通过比较单细胞生物的基因组来重构生命的历程是一个漏洞百出的做法。尽管如此，相关的研究都指向了同一个方向。最初的细胞似乎是从氢气和二氧化碳中获得了能量和碳元素。氢气与二氧化碳的反应能够直接形成有机分子，同时释放能量。这一点很重要，因为仅仅简单分子是不够的：将它们连在一起形成构建生命基础的长链分子需要很多很多能量。

原初的生命如何获得能量的第二条线索来自在所有已知生命形式的内部发现的获取能量的机制。这个机制实在是太出乎意料，以至于当英国生物化学家彼得·米切尔（Peter Mitchell）在1961年提出后，围绕它的争论持续了差不多二十年。

米切尔提出，向细胞提供能量的不是化学反应，而是电。再具体一点说，是膜两侧质子（带电的氢原子核）富集程度的差异。质子具有一个单位的正电荷，故质子数量的差异会在膜两侧形成约150毫伏的电势差。这个数字看上去不大，然而由于膜的厚度仅有一毫米的百万分之五，如此近距离上形成的电场是极为惊人的，可达每米3千万伏特——与产生闪电的电场强度相当。

米切尔将这个电驱动力称为质子移动力（proton-motive force）。它听起来很像是《星球大战》（*Star Wars*）里的某个名词，却是相当贴切的命名。所有的细胞归根到底都是由这一力场驱动的，就像所有地球上的生物归根到底都使用同一套基因编码一样。这个强大的电势可以直接驱动鞭毛的运动，或是被用于产生ATP——强劲的生物能源。

生物产生并使用这一力场的方式极为复杂。制造ATP的酶相当于一台旋转的马达，由流入的质子驱动。

另一个参与形成膜电势的蛋白——NADH 脱氢酶，则像是一个带有活塞的蒸汽机，不停地将质子泵出。如此令人惊叹的纳米机器只可能是长时间自然选择演化的结果，绝不会是原初的生命体内具有的东西。这就形成了一个悖论。

生命无节制地消耗着能量。更低效的原初细胞只会消耗更多而不是更少的能量。如此庞大的能量最有可能来自一个质子浓度梯度，因为这一机制的普遍性意味着它从最开始便存在于世。可是，原始的生命又是如何做到了如今需要这么复杂机构才能办到的事情呢?

有一个简单的方法能够获得大量的能量。不仅如此，它让我猜测生命的诞生其实并没有那么困难。

我中意的回答最初是由地质学家迈克尔·罗素（Michael Russell）于 28 年前提出，他现在任职于 NASA 的喷气推进实验室（位于加利福尼亚州帕萨迪纳）。罗素曾研究海底深处的热液喷口。它听起来像是某种奇异的冒着黑烟的洞穴，周围匍匐着巨大的管状蠕虫。不过罗素设想的东西比那朴实得多：碱性热液喷口。它们并不是火山口，而且也不冒黑烟。当海水渗透进入地幔中富集着电子的岩石（例如铁镁橄榄石矿物）时，就会形成这类喷口。

橄榄石和水发生反应会形成蛇纹岩，并随着时间的推移逐渐扩张，最终把岩石裂解，让更多的水渗透进入，使反应进一步发生。蛇纹岩化的过程会释放碱性的——指缺少质子的——同时富含氢气的液体。这一过程产生的热量会将液体带到海床。碱性液体与冰冷的海水接触时，会从中迅速析出矿物，形成最高可达 60 米的高塔状喷口。

罗素意识到，这些喷口提供了孕育生命的一切条件——或者说在 40 亿年前已经提供了。当时地球上几乎没有氧气，海水中富含溶解的铁。二氧化碳的含量可能要比现在高出许多,这意味着海水呈弱酸性——有更多的质子。

想象一下，在如此一个环境中，会发生怎样的事情。在渗入海水的喷口内部，有着微小且互相连接的、形似细胞的空间,用薄薄的石壁隔开。这些石壁含有的催化剂——主要是铁、镍和钼的各类硫化物——与现今的细胞使用的相同（只不过已被嵌入蛋白质中），用于催化二氧化碳转为有机分子的化学反应。

富含氢气的液体逐渐渗入这些具有催化作用的孔隙迷宫里。正常来说，二氧化碳和氢气很难发生反应：不然如今我们也不会为了捕捉二氧化碳减缓全球变暖而费尽心思了。仅靠催化剂本身恐怕不够，不过活细胞并不是只靠催化剂来捕捉二氧化碳——它们使用质子浓度梯度来驱动反应。而在喷口内部的碱性液体和酸性海水之间，存在着天然的质子浓度梯度。

这个天然的质子移动力可能曾驱动了有机分子的形成吗？目前下结论为时尚早。我现在正致力于研究这个问题，不过尚未得到结果。但我们仍然可以先假设回答是肯定的。这可以解决什么问题呢？很多问题。二氧化碳和氢气反应的能量势垒一旦降低，反应便会迅猛发生。值得注意的是，在碱性热液喷口处的环境下，活细胞体内氢气与二氧化碳结合生成分子（氨基酸、脂类、糖、核苷碱基等）的反应实际上是释放能量的。

这意味着，与某些从热力学第二定律推演得到的神秘猜测相反，现在看来，生命实际上正是由这一定律驱动产生的。这是行星级不均衡造成的必然后果：富含电子的岩石与缺少电子而呈酸性的海水仅隔了一层薄薄的地壳，喷口结构将其贯穿，使电化学驱动力集中到类细胞的系统中。整个行星就像是一个巨大的电池，而细胞则是基于相同原理形成的小电池。

我是第一个承认其中尚有许多需要完善之处的人：从一个产生有机分子的电化学反应堆演变为一个活生生的细胞，这中间仍然相隔太多。不过先让我们考虑一下宏观局面。生命的诞生只需很少的条件：岩石、水和二氧化碳。

水和橄榄石是宇宙中最丰富的物质。太阳系内许多行星的大气富含二氧化碳，意味着它同样很常见。蛇纹岩化是一个自发的过程，在任何湿润且覆盖着岩石的行星表面都应该以相当大的规模发生。这样看来，宇宙里应到处都有简单的细胞——只要条件合适，生命或许的确是必然形成的。如果说地球上生命演化的进程看起来像是迫不及待地开始，也丝毫不奇怪。

接下来呢？人们通常假设，一旦简单形式的生命形成，只要条件合适，它便会逐渐进化成为更复杂的形式。然而在地球上，情况并非如此。在简单的细胞形成后，过了很长很长时间（差不多是地球寿命的一半），才出现了更复杂的细胞。不仅如此，从简单细胞演化到复杂细胞的概率，从整个进化史上看，仅仅是每40亿年发生一次：这个数字小得惊人，也意味着复杂生命的诞生实属巧合中的巧合。

如果简单的细胞需要经过数十亿年的漫长岁月才能缓慢进化为复杂的细胞，所有处于进化的中间阶段的细胞应该留下了它们的身影，其中的一部分应仍然存在于世。然而，我们却找不到它们。相反，二者中间存在着巨大的沟壑。一方面，有些细菌的体积和基因组都十分微小，在自然选择的过程中被精简到极致，宛如细胞间的歼击机；另一方面，真核细胞的体积巨大，形状笨拙，像是大型的运输机。一个典型的单细胞真核生物要比具有一个相同基因组的细菌类生物大1.5万倍。

地球上所有的复杂生命——动物、植物、真菌，等等——都是真核生物，而且它们都是从相同的祖先演化而来。若没有那个孕育出真核细胞之祖先的事件，地球上也就不会有植物、鱼藻、恐龙和人猿了。简单的细胞不具有能够进化为更复杂形式的单元结构。

为什么没有呢？2010年，我与细胞生物学领域的先驱、德国杜塞尔多夫大学（University of Düsseldorf）的比尔·马丁（Bill Martin）共同研究了这个问题。通过分析不同细胞的新陈代谢速率及基因组大小的数据，我们计算了当一个简单细胞长大时需要多少能量。

我们发现，若细胞想要长大，它必须付出巨额的能量代价。如果把一个细菌扩大到真核细胞大小的尺寸，它内部的基因平均能够得到的能量将是等同体积的真核细胞中基因所获得能量的数万分之一。从基因转录生成蛋白质是密集耗能的过程，所以每一条基因所需能量极大。一个细胞获得的绝大部分能量都用于形成蛋白质。

乍一看去，细菌长大没有好处的想法与事实相抵触：某些巨大的细菌比许多复杂细胞还要大。费氏刺骨鱼菌（Epulopiscium）便是其中一种，它生活在刺尾鱼（surgeonfish）的肠子里。然而，费氏刺骨鱼菌内部有着20万份自身基因的副本。尽管数量惊人，但若将这些副本计入在内，每一个基因所获得的能量便与普通细菌内部的基因获得的能量几乎完全相等。它们一直被视为是由许多小细胞融合成的一个大细胞，而不是巨型细胞的一类。

那么，为什么巨型细菌需要复制这么多份自身的基因呢？回想一下，细胞从膜两侧的电场力获取能量，这个电场的强度相当于闪电发生时产生的强度。如此强大的电场对细胞而言是一个巨大的风险：一旦失去对膜电位的控制，它就小命不保了。大约在20年前，生物化学家约翰·艾伦（John Allen，现在伦敦大学学院）提出，基因组对控制膜电位至关重要，因为它们能够控制蛋白质的生成。这些基因组需要距离它们所控制的膜足够近，以便对局部环境的细微变化快速做出反应。艾伦与其他同事收集了大量证据，来支持该理论在真核生物上的正确性，而且我们也有足够的理由相信在简单细胞上是正确的。

于是，简单细胞所面临的问题变成：为了长得更大更复杂，它们需要产生更多能量。唯一的办法便是扩展用于获取能量的膜的面积。然而，为了在扩展膜面积的同时维持对跨膜电势的控制，它们不得不把自身的基因多复制几份——而这意味着它们每单位的基因并没有得到额外的能量。

换句话说，简单细胞产生的基因越多，它们越无法有效对其加以利用。一段满是无用基因的基因组毫无用处。这对于想要长大变得复杂的细胞而言是一个巨大的障碍，因为一条鱼或是一棵树具有的基因比一个细菌具有的基因总量要多数千倍。

真核生物是如何克服了这一困难的呢？答案是：获得线粒体。

大约20亿年前，一个简单细胞偶然间进入了另一个细胞内部。宿主细胞的身份尚不得而知，但我们知道它获得了一个细菌，后者在它的内部开始分裂繁殖。细胞内部的细胞开始了互相之间的竞争：只有那些复制迅速、同时不降低产生能量的本领的细胞，才有更大的可能在下一代继续生存。

如此这般，随着一代代的繁殖，这些内共生的细菌演化成为小小的发电机，具有用于产生 ATP 的膜和用于控制膜电位的基因组。然而最关键的是，在这一过程中，它们被精简到了极致。一切不必要的部件都被丢弃，只留下最核心的细菌形态。原始的线粒体的基因组中大约有 3000 个基因，而如今它们只剩下 40 个左右。

对于宿主细胞来说，故事就又不一样了。随着线粒体的基因组缩水，每一份宿主基因所能获得的平均能量增加，它的基因组便得以扩张。有了大量的 ATP，再加上线粒体舰队的护航，宿主细胞很容易积累 DNA 而继续长大。你可以把线粒体想象成是直升机编队，它们携带有细胞核酸内的 DNA。由于线粒体的基因组上所有不必要的 DNA 都被丢弃，线粒体就变得十分轻巧，平均所能提供的能量也就越多，使宿主核酸内的基因组长得更大。

这些巨大的基因组提供了进化成为复杂生命所需的原始基因材料。线粒体协助形成了那些基因组，而自身却没有变得更为复杂。很难想象还有其他什么办法能够解释能量供给的问题——而且我们知道这在地球上只发生了一次，因为所有真核生物都源自同一个祖先。

这样看来，复杂生命的诞生依赖于一次偶然的事件——一个简单细胞进入另一个细胞中。在复杂的细胞中，类似的关联可能是普遍的，但在简单细胞中极为罕见。它的结果是确凿无疑的：情同手足的伙伴经历了许多困难，终于相互适应，并兴旺繁衍。

这意味着，生命从简单到复杂，并不存在什么不可避免的进化轨迹。持续不断的自然选择过程在数十亿年间淘汰了无数细菌，但可能从未激发过复杂生命的诞生。基因和细胞体积的微小在能量层面上不会成为限制。只有当我们试图了解细胞的体积和基因长大需要的条件时，问题才会变得清晰可见。这时我们才发现，原来细菌一直被困在能量大陆上一个深不见底的沟壑里，挣扎着难以脱身。

该理论认为，类地行星上可能遍布着生命，然而其中只有极少数能够演化出复杂细胞。这意味着动植物能够繁殖进化的机会少之又少，更不要提智慧生物了。所以，即便我们在火星上发现了简单细胞，那也不代表宇宙中到处都有飞禽走兽。

这一切或许能够解释为什么我们至今仍未发现外星人。诚然，对此问题还有其他的解释，例如其他星球上的生命在演化为聪明的外星人之前便已被一些悲剧性的事件（如伽马射线暴）彻底抹灭。这同样有可能。若如此，银河系里很可能不存在其他任何智慧生命。

当然，也可能有些外星人恰好就住在我们附近。若能有幸与它们相见，我敢打赌一件事：它们的细胞里肯定也有线粒体。

物种意外事件

鲍勃·霍姆斯

随着一个细胞意外地捕获了另外一个，复杂生命的演化历程便宣告了开始。然而即便如此，这仍然不意味着你就是最终的必然产物。地球上的动物和植物种类繁多，遍布四处，这个多样性形成的背后远远超出了生物学家曾经设想的偶然情况。

生活在南极的鱼会在体内生成抗冻蛋白以求在寒冷的水中生存。美味的副王蝶（viceroy butterfiles）通过伪装成带毒的君主蝶（monarchs）来躲避捕食者。致病的细菌会对抗生素产生抗药性。放眼世界，在大自然的任何一个角落，你都能看到自然选择对适应环境的物种进行筛选的证据。然而令人惊奇的是，自然选择在进化的一个关键环节——新物种的诞生上可能影响甚微。相反，物种的形成似乎只是命运的一个巧合而已。

至少，马克·佩吉尔（Mark Pagel）——英国雷丁大学（University of Reading）的一位进化生物学家是这样说的。如果他的这一极富争议的论断被证实，生命的辽阔画布——种类繁多的甲虫和啮齿类动物，以及相对稀少的灵长类动物，等等——便可能不是出自自然选择的无形之手，而是源于进化中的脆弱意外。

毋庸置疑，自然选择在进化的过程中扮演了至关重要的角色。一百五十年前，达尔文在《物种起源》一书中给出了令人信服的案例，随后的无数研究均证实了他的设想。然而这本书的标题却暗含讽刺：达尔文在书中并没有解释是什么真正促成了新物种的形成。其他人揪住这一点不放，质疑一种生物是如何变成了两种。借助达尔文不具备的遗传学知识，你或许会认为这个问题已经得到了回答。实际上并非如此。物种形成至今仍是进化生物学中最大的一个谜团。

就连如何定义一个物种都不是直截了当的。大多数生物学家认为物种是能够在种群内部而不与其他进行交配而繁殖后代的一群生物。除去许多例外情况（生物学里很多定义都有例外），这个定义还是相当好用的。它尤其注意了一个关键点：如果一个物种想要变成两个，原物种的某一子集必须无法与其同类进行交配。

问题的核心在于，这一情况是如何发生的。在20世纪中叶，生物学家发现，若一些生物被带到某个新形成的湖畔或是远洋深处的一座孤岛上，过一段时间，这些生物便无法与原来的同类交配繁殖了——发生了生殖隔离。其他新物种诞生的事件似乎源于染色体的显著改变，导致某些个体突然无法与同类交配。

然而，很难相信仅凭这些突如其来的变化就能解释所有物种的诞生，甚至仅对于最新形成的一些物种而言都是极为困难的。大多数物种分布于若干不同的地域，有人认为这种地域上的隔离会逐渐导致各自适应了环境的种群在关系上的疏远，好比昔日的朋友在长时间没有交往后变得陌生一样。“我认为大家普遍具有一个尚未证实的想法：自然选择的长期作用会积累成为彻底的改变，直到有一群个体再也无法与原本的同类交配繁殖。”佩吉尔说。

很长时间以来，没有人能找到一个方法来验证这个基于直觉的假设是否真的能够解释一大群新物种诞生的事件，但在十余年前，佩吉尔已想出了一个解决问题的方法。他推测，如果新的物种是大量微小改变的总和，这将在它们的进化族谱中留下统计学方面的痕迹。

不论微小的改变积累到何时才引起了质变——不管它是天生及后天培育形成的个体高度、设定股价的经济杠杆、还是多变的天气决定的每日气温——只要有足够多的输出样本，就会形成一个熟悉的钟形曲线，在统计学上被称为正态分布。例如，每个人的身高各不相同，但绝大多数人的身高都在中位数附近。佩吉尔意识到，如果物种形成是进化过程中许多微小改变的累计结果，那么每两次相邻的新物种诞生事件的时间间隔（即进化树上每一根分杈的长度）应当也符合正态分布（见插图）。这个直白的想法却遇上了困难：他找不到足够多好的进化树，以对时间间隔进行准确的统计分析。佩吉尔只好记录下自己的设想，然后投身到其他研究中。

物种起源

究竟是哪一个进程驱动了物种的形成？剪下进化树的一个分支，画出不同长度枝杈的数量，便可得到不同物种的特征曲线

系统进化树代表给定生物群内物种的形成

分叉点表示一个物种的分化形成

指数型曲线
表示物种的形成由某一意外事件触发。
78%的进化树符合该曲线

可变速率(variable rate)曲线
表示当环境条件允许时，物种爆发式地形成。
只有6%的进化树符合该曲线

钟形曲线（对数分布）
表示许多改变逐渐以乘积积累，直至达到阈值。
物种的形成逐渐而缓慢。约8%的进化树符合该曲线

钟形曲线（正态分布）
表示许多改变逐渐累加，直至达到阈值。
物种的形成逐渐而缓慢。没有进化树符合该曲线

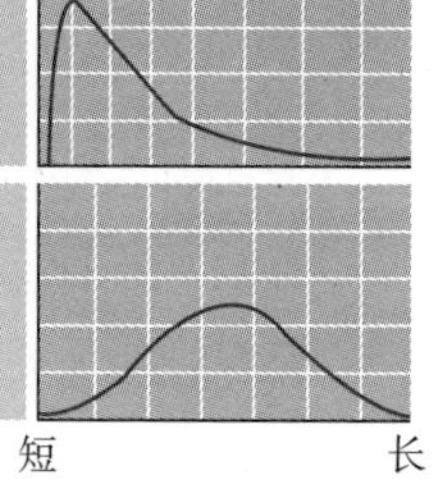

然后，数年前，他意识到借助廉价而快速的 DNA 测序技术，可靠的进化树突然变得极为丰富。“我们第一次得到相当多质量极高的系统树（phylogenetic trees）来检

验这个想法。”佩吉尔说。于是，他与同事克里斯·文迪蒂（Chris Venditti）及安德鲁·米德（Andrew Meade）挽起袖子，开始付诸行动。

研究小组从已公开的文献中获得了超过 130 个基于 DNA 测序的进化树，样本涵盖了植物、动物和真菌等多数物种。在排除了一些准确性存疑的样本后，他们筛选出了共计 101 个进化树，包括猫、大黄蜂、鹰、玫瑰等物种样本。

他们对每个进化树单独进行分析，测量每两个连续的物种形成事件之间的间隔，实际上就是把树的每一节枝杈都剪下来。然后，他们统计树杈的长度，并寻找数据中存在的统计模式。如果自然选择导致的物种形成确是许多微小改变的总和，这些树杈的长度应给出一条钟形曲线。若变化是以和的方式累加至超过形成新物种的阈值，曲线就是普通的正态分布曲线；若是所有变化之乘积，曲线则会在对数坐标中呈现钟形，意味着变化的累加方式不是和而是乘积。

让他们惊讶的是，数据并不符合上述的任意一种曲线。对数分布曲线仅符合 8% 的样本，正态分布则是彻底落选，与任何一个进化树都不符。相反，佩吉尔的小组发现，对于 78% 的样本，分杈长度的分布符合另外一条耳熟能详的曲线——指数型曲线。

和正态分布一样，指数型也有着简明的解释——但对于进化生物学家而言，这个解释是令人忧虑的。指数型曲线用于描述单个偶发事件发生的规律。如果你接到一连串的电话，每两次电话的时间间隔满足指数分布。一个放射性原子衰变的时间，或是高速公路上相邻车祸现场之间的距离，同样满足这一分布。

对于佩吉尔来说，这个结果背后的意义十分清晰："物种形成并不是事件的累加，而是相当于从天而降的偶然。它是任性而惊喜的意外，如果发生在你的身上，你理应感到高兴。"

任何罕见的事件都会触发物种的形成，不只是孤立或重大基因变化，也包括环境、基因和精神方面。地面隆起形成一座山，将一个种群分割为两部分，可以导致新物种的形成。某些鱼的基因发生突变，导致它们在海水表层而非底部繁殖生育，也可以。如果雌性蜥蜴忽然变得更喜欢长有蓝色而非红色斑点的配偶，亦是。

佩吉尔强调，统计证据中的关键是，触发物种形成的必须是一些单次、强烈的冲击性事件：从进化的角度上讲，即不可预测的意外。

"我们不是在说自然选择是没用的，也不是说达尔文是错的。"佩吉尔补充。一旦某个物种一分为二，自然选择便会让它们适应各自的环境。重点是，这个适应过程是发生在物种形成之后，而非后者的起因。"我认为我们关注的是，导致物种形成的真正原因究竟可能是什么。我想大多数人都没有资格说他们曾做过这方面的工作。自然选择的理论只会把你逐渐带入另一个假象，而我们在它与物种形成之间划出了界线。”

这一结果对进化论最具争议的一个问题——进化究竟是否可预测——提供了暗示。如果佩吉尔是正确的，那么自然选择以缓慢而可预测的方式重塑既存物种，但物种形成的偶然性意味着进化的相当一段历程都是难以预料的。他的发现与后来的史蒂芬·杰伊·古尔德（Stephen Jay Gould）提出的隐喻是吻合的。史蒂芬认为，如果我们将时针回拨，重新经历地球上生命的演化，那么其结果将永无重复，每次都不会相同。

其他进化生物学家并不愿意完全接受佩吉尔的观点。某些人认为它很有趣，但仍需进一步检验。“单次偶然的事件引发物种形成的观点是很棒的一个解释——一个可能的解释。”西蒙弗雷泽大学（Simon Fraser University，位于加拿大温哥华）的阿恩·穆尔斯（Arne Mooers）回应道，“这个理论只是说了物种形成的一个必要但不充分的条件。”密歇根大学的丹尼尔·拉布斯基（Daniel Rabosky）说：“你需要两样东西：导致隔离的原因和导致分化的原因。”而后一个过程——使两个相互分隔的种群之间形成足够大的差异，而将它们认为是两种不同的生物——更有可能是通过自然选择逐步而缓慢的改变实现的。

新物种的形成与适应毫不相干。这一想法与进化论的基本思想格格不入。其中一个障碍被进化生物学家称为“适应性辐射”（adaptive radiation）。当出现了一个生态上的有利时机——比如南美大陆的雀鸟第一次来到加拉帕戈斯群岛——物种似乎会首先分化为新物种的雏形，尔后再各自适应形成特定的种类。这些爆发性的物种形成表明，生物无需等待一些偶发性的事件来刺激形成新物种，而是可以由自然选择逐步推进。

佩吉尔在分析中着重寻找这一类勃发进化的特征。爆发性的物种形成在进化树上显而易见，表现为在不寻常的间隔内出现大量分杈；换句话说就是变化率的急剧增大，在曲线上形成尖锐的峰值。“我猜测，这个模型可以用于解释大多数进化树。”佩吉尔说。

然而，他的猜测并不正确。“它可以与一些事件符合得非常好，”他说，“但那些事件只占总体的 6%。看来一群物种各自适应环境并不是普遍的现象。”

该发现得到了其他研究的支持。爱达荷大学（位于美国莫斯科）的卢克·哈蒙（Luke Harmon）与同事检查了 49 个进化树，试图在其中寻找种群早期历史（最有可能存在演化雏形的阶段）中爆发性的进化改变。他们几乎没有找到类似模式存在的证据。这一结果发表在《进化》（*Evolution*）期刊上。

如果物种形成真的是一场令人欣喜的意外，这对研究它的生物学家来说意味着什么？把关注点集中于驱动两个物种演化为不同生态适应性的选择压力（实际上科学家们正在这么做），我们或许能更多地了解适应过程，却不是物种形成的过程。“如果你真的想搞清楚为什么啮齿类动物有那么多种，而其他哺乳动物的种类很少，你应该着眼于动物的生存环境中可能导致物种形成的潜在原因，而不是去看已经形成物种的动物是如何适应环境的。”佩吉尔如此说。

举个例子，对于适应了寒冷环境的啮齿类动物来说，一旦气候变得温暖，它们便会倾向于迁徙到山顶，从而造成环境隔离。这会让它们比起适应了温暖气候的哺乳动物更容易分化出新的物种。类似地，幼虫阶段生活在海床上的海洋生物会更有可能分散开来形成孤立种群，从而比浮游在海水中的生物更容易形成新物种。这正是芝加哥大学的古生物学家戴维·雅布隆斯基（David Jablonski）在海蜗牛中发现的。与此相似，对居住环境或配偶的要求苛刻的物种也更易于分化出新的种类来。

还有其他可能会造成意外的事件吗？目前还没有人知道。“我们希望把大家手中写有可能导致物种形成的原因列表统合在一起，然后开始预测哪些生物演化出新物种的可能性更高，哪些生物更低。”佩吉尔说。如果这些列表能帮助我们理解进化历程中的一段关键而漫长的历史——哺乳动物是如何形成的，为什么甲虫的种类会那么多，开花植物又是怎样脱颖而出的——我们就会知道佩吉尔的确抓住了问题的重点。

然而同时，佩吉尔对物种形成问题的回答或许同样能够解释大自然的一些奇妙特性。当生物学家对野生物种进行 DNA 测序时，他们经常会发现原本看上去属于同一物种的动物们实际上分属两个甚至是更多个物种。例如说，马达加斯加的大森林里居住着 16 种不同的鼠狐猴（mouse lemur，又名小嘴狐猴），而它们住在同一片栖息地里，做着相同的事情，甚至长得也差不多。这种神秘的物种复杂性通过作用缓慢的自然选择是很难解释的，但如果新物种的形成是幸运的意外，这些鼠狐猴之间的生态相似性便不难理解了。

佩吉尔在这一问题上的灵感来自坦桑尼亚，那时他正坐在一棵硬木树的树根上，看着两种疣猴在头顶上 40 米高的树冠中嬉戏。“其中一种是黑白相间的毛色，另外一种则是红色——除去这点区别，它们一模一样。”他回忆道，“当时我就想到，物种形成或许是随机发生的。我们的模型也表明：人类正是这样诞生的。”

幸运的你！

克莱尔·威尔逊

从宇宙虚空中的量子涨落，经过彗星的轰炸，以及地球上无数种生物的偶然诞生，我们终于来到了你的身边。然而即使到了这一步，人类仍然需要极大的运气来从众多的生物中脱颖而出。人类在进化历程中遇到的最后一次奇迹竟然是无数次偶然突变。

数百万年前的地球上，来自宇宙深处的一束高能射线以接近光速的速度猛地扎入大气层中。它与一个氧原子相撞，溅出一大片高能粒子，其中一个又撞上了某只生物的DNA 分子。

那个 DNA 分子刚好位于非洲一个类猿动物的卵细胞中。它在撞击下发生改变——或称突变——结果由它发育形成的后代与母体存在些微的差别。这一突变赋予了那个后代一种优势，使它与同伴竞争食物和配偶时表现更为出色。最终，这一优势在种群中变得普遍，从而使发生改变的 DNA 不能再被称为突变——它只是构成了人类基因组的大约 23000 个基因中的一个。

宇宙射线被认为是引发突变的源头之一，不过卵子与精子细胞内的 DNA 在复制过程中出现的错误或许是更为常见的原因。不管突变是怎样产生的，这些进化过程中的意外事件带我们踏上了一段长达六百万年的旅程，将一种接近于大猩猩的动物转变为我们——智人（*Homo sapiens*）。

这一转变意义非凡，而我们才刚开始深入了解其中可能发生了的突变过程。很长时间以来，我们对于人类进化的知识只能从埋在土里的骨头碎片中获得——有点像试图拼凑一个大多数拼块都丢失不见的拼图一样。至于那些恰好在适当的环境下被掩埋而形成化石的动物所占的比例有多少只能靠猜测，恐怕只会是小得可怜。

于是，在基因测序技术出现后，古人类学领域立即取得了飞快的进展。2003 年，历时 13 年之久的人类全部基因组的测序工作宣告圆满结束。自那以来，凭借愈发廉价而快速的技术，仅用一年，又一组基因的测序完成了。到目前为止，我们已经对黑猩猩（chimpanzee）、大猩猩（gorilla）和红毛猩猩（orang-utan），以及尼安特人（Neanderthals）还有丹尼索瓦人（Denisovans）——我们远古的亲戚，他们先于智人离开了非洲——等物种完成了测序。虽然距离包括了所有生物的完整列表还差得很远，但即使是最初出现的几个选择也足以为探索的迷途带来一线光明。“它揭示了人类演化历程的一个大致轮廓。”威斯康星麦迪逊大学（University of Wisconsin-Madison）的古人类学家约翰·霍克斯（John Hawks）如此说。

通过对比这些基因，我们可以获得丰富的信息。例如，如果一段在大脑中得到表达的基因在人类和猩猩身上存在不同，那么它便可能意味着一次突变，让我们变得更聪明。实际上，通过对比人类和猩猩的基因，科学家们已经找到了约1500万处不同。还有一些基因被整个删除，或是被复制。基于我们目前对DNA的了解，以上不同之处的绝大部分都不会影响到身体特征。这是因为那些差异很小，不足以影响基因的功能；抑或是因为那些突变位于“没用的”基因上。人们估计，在1500万处不同中，只有约10000个真正改变了我们的身体，使我们更加适应环境而生存下来。

10000个还是有些多，何况还没有把调控区域中的DNA（负责开启或关闭基因的表达）计算在内。虽然后者被认为在进化过程中发挥了重要作用，但我们目前仍不知道这一类突变在人类基因中占据的比例。

到目前为止，我们已经找到了数百个对我们产生了影响的基因，而且未来还会有更多发现。但这可比记录基因的改变要困难得多。“要想知道每一处差异造成的影响，我们需要做大量的实验，有时甚至还要制造出转基因动物。”霍克斯说，“这很难做到。我们仍然在起步阶段。”

即便如此，我们已经对人类进化历程中的许多关键点有了初步的了解，包括我们的脑容量是如何迅速扩大的，我们如何学会说话，以及我们的对生拇指（opposable thumbs）可能起源于何处。接下来介绍的是进化史上发生的六个意外，正是这些意外塑造了今天的你。

下颌变弱

黑猩猩的下颌十分强有力，它可以一口咬掉人的手指。这可不是算出来的，而大概是有一位先人因此而少了根手指头。

与之相比，人类的下颌肌肉要软弱得多。这可能是由于一个名为 MYH16 的基因产生了突变，这个基因对应一种肌蛋白。突变使它关闭，导致我们的下颌肌肉由另外一种蛋白质构成，从而使肌肉变得更小。

这项发现于 2004 年问世，恰逢研究者们认为更小的下颌肌肉有助于形成更大的头颅。下颌肌肉大的灵长类动物需要更厚的支撑骨架，而该骨架正位于头颅后方，于是便限制了头骨以及内部大脑的扩张。“我们认为这个突变是导致肌肉和骨骼质量下降的原因。”宾夕法尼亚大学（位于美国费城）的一位肌肉专家汉塞尔·斯特德曼（Hansell Stedman）说。他是该研究项目的带头人。“只有这样做才能移除进化中的障碍，让其他使大脑长大的突变起作用。”

研究小组将突变发生的时刻回溯至 240 万年前，这刚好是我们的大脑开始变大的前夕。然而另一项针对更长的肌肉基因进行测序的研究结果将该时间点提前到约 530

万年前。

不管是 240 万年还是 530 万年，总之这个突变发生在我们从与黑猩猩的最后一个共同祖先中分化出来之后。我们的祖先为什么选择了一个更孱弱的下巴呢？斯特德曼猜测，比起饮食结构上的变化，不再将啃咬作为一种进攻手段的可能性更大。“或许随着社会结构形成，从某一时刻起，啃咬便不再是我们祖先的武器了。”他这样说道。

大脑的成长

大脑是我们这一物种的显著特征之一。它的体积约是 1200~1500 立方厘米，相当于与我们最接近的亲戚黑猩猩的三倍。大脑的扩张或许导致了一系列后果，使得最初的突变导致的改变不仅有益，而且还为后续让大脑进一步产生增强的突变提供机会。“最初的变化开启了新的一扇大门，让其他同样有利于我们的变化得以发生。”霍克斯说。

与黑猩猩的大脑相比，人类大脑的皮层面积极大。皮层是大脑最外面一层布满了沟壑与褶皱的部分，它完成我们最为精密的思维过程，例如计划、逻辑、语言等。寻找与大脑扩张相关的基因的办法之一是研究原发性小脑症（primary microcephaly），这一症状的表现为新生儿的大脑只有正常体积的三分之一，导致皮层面积显著缩小。小脑症患者通常具有不同程度的认知障碍。

对原发性小脑症患者家族的基因调查表明，七个基因的改变会导致该疾病的发生。有趣的是，这七个基因都与细胞分裂有关。胎儿大脑中尚未成熟的神经元通过细胞分裂不断进行自我复制，直到大脑完全发育。理论上，如果一个突变导致未成熟的神经元细胞再多分裂一个周期，最终大脑的皮层面积就会扩大一倍。

我们来看一下 ASPM 基因，ASPM 是“异常纺锤型小脑畸形症相关”（abnormal spindle-like microcephaly-associated）的首字母缩写。它可以编码一种蛋白质，这种蛋白质存在于未成熟的神经元中，后者是纺锤体——一种分子脚手架，负责在细胞分裂过程中连接染色体——的一部分。目前已知，就在我们祖先的大脑急剧扩张时，这一基因发生了显著改变。将人类的 ASPM 基因与其他七种灵长类动物以及另外六种哺乳动物相对比，可以看到有数个明显的特征，表示我们的祖先从大猩猩分化出来之后迅速进化。

其他信息来自人类与猩猩基因组的对比，找到了进化最快的区域。一个名为 HAR1 的区域在这一过程中凸显出来，该区域包含 118 对碱基。我们目前尚不清楚 HAR1 的作用是什么，但我们知道它在成长至第 7~19 周的胎儿大脑中即将分化为皮层的细胞中开启表达。“这是很有趣的事实。”旧金山格拉德斯通研究所（The Gladstone Institutes）的一位生物统计学家凯瑟琳·波拉德（Katherine Pollard）说道。

一个名为 SRGAP2 的基因的两具副本同样值得注意。它能够以两种方式影响胎儿大脑的发育：加速新产生的神经元细胞迁移到最终的位置；促进神经元生成更多的突触，使神经元之间得以相互连接。根据参与该发现的华盛顿大学（位于美国西雅图）的基因学家埃万·艾希勒（Evan Eichler）所说，这些改变“或许导致了大脑功能的彻底变化”。

能量升级

虽然我们很难弄清楚大脑究竟是如何变大的，但有一件事情确凿无疑：一切思考都需要额外的能量。休息中的大脑消耗了我们体内 20% 的能量，这一数字在其他灵长类动物中只有约 8%。“大脑对代谢的要求极高。”杜克大学（位于北卡罗来纳州达勒姆市）的进化生物学家格雷格·雷（Greg Wray）如是说。

目前已发现三个突变可能与此有关。第一处突变随着大猩猩基因组的公开而被发现，它与某个 DNA 区域有关：这一区域存在于某种远古的灵长类动物的脑中，它是人类、大猩猩和黑猩猩共同的祖先，在大约 1500 万到 1000 万年前经历了一次加速演化。

该区域被包含在一段名为 RNF213 的基因中。这个基因的突变会导致烟雾病（Moyamoya disease）——由大脑动脉狭窄而引起——的发生。这意味着在我们的进化中，该基因或许帮助扩大了大脑的供血量。“我们知道这个基因的损坏会影响血流，所以我们推测其他类型的改变可能会产生有益的影响。”桑格研究所（Sanger Institute，位于英国剑桥）的进化基因学家克里斯·泰勒–史密斯（Chris Tyler-Smith）说。他参与了大猩猩基因组的测序工作。

除了改变血管以外，还有其他方式可以增加供给大脑的能量。大脑所需的主要燃料是葡萄糖，后者通过血管壁上的一种葡萄糖转运蛋白输送至大脑。

人类体内负责表达两种葡萄糖转运蛋白——分别输送给大脑和肌肉——的基因“开关”与黑猩猩、红毛猩猩和猕猴（macaque）的略有不同。这些差异导致人类大脑的毛细血管中有更多的转运蛋白，而肌肉毛细血管中的转运蛋白更少。“这意味着你将更多（可用的葡萄糖）运送给大脑。”雷说道。简而言之，我们牺牲了运动能力来换取智力。

说话的天赋

如果我们把一只黑猩猩的幼体当成是人类的婴儿来抚养长大，它能够学会许多猴子们不会做的动作，例如穿衣服，用刀叉进食。然而它永远学不会一件事：说话。

实际上，受到身体条件所限，黑猩猩永远无法像我们一样学会说话。二者的喉部与鼻腔的形状有不同，一些神经也存在差异，而神经中的一部分则是由被称为“语言基因”的基因片段发生改变所致。

故事要从英国的一个家庭讲起。这个家族在三代人中出现了 16 个具有严重语言障碍的患者。通常来说，语言障碍属于学习障碍的一支，然而这个日后被冠名为“KE”的家族成员身上存在的缺陷更为特殊。他们的言语无法表达其想法，且很难理解他人说的话，尤其是存在一定语法结构的话。他们的嘴和舌头无法做出复杂而精巧的动作。

2001 年，研究人员将问题的根源定位至一个名为 FOXP2 的基因上。根据该基因的结构，人们判断它的作用是调控其他基因的行为，但很不幸，究竟有哪些基因听令于它，目前尚不得而知。我们只知道在老鼠（从而推广到人类）体内，当胚胎发育时，FOXP2 基因在大脑中十分活跃。

与最初的猜测相反，KE 一家人的基因并没有回退到“类猿”时代，而是新的一处变异导致了他们语言能力的退化。无论如何，黑猩猩、老鼠以及其他绝大多数动物都拥有与人类体内的十分相似的 FOXP2 基因。然而从黑猩猩中分化而来的我们体内的 FOXP2 基因与它们的有着两处差异，从而导致构成 FOXP2 蛋白中的两个氨基酸发生了变化。

如果能把人类的 FOXP2 基因植入大猩猩体内，来检验它是否能习得语言能力，将是无比美好的事情。然而出于技术和道德两方面的问题，我们目前无法做到。不过我们倒是把基因植入了老鼠体内。有趣的是，研究者观察到被植入基因的老鼠发出的超声波尖叫声发生了细微的变化：音调略有下降。

不过与在老鼠大脑内观察到的变化相比，音调的改变似乎就无足轻重了。例如，人们在一个叫作皮质层基底神经节回路（cortico-basal ganglia circuits）的区域内，发现神经元的结构与行为发生了变化。这一区域又被称为大脑中的奖励回路，目前已知它与学习新的精神方面的技能有关。“如果你做一件事情后突然得到了奖励，你就会明白你应该继续重复做下去。”马普进化人类学研究所（Max Planck Institute for Evolutionary Anthropology，位于德国莱比锡）的进化基因学家沃尔菲·埃纳尔（Wolfi Enard）如是说。他领导了这项研究工作。

基于对这些回路区域已有的认识，埃纳尔认为人类身体中的 FOXP2 在学习说话的规律——特定的声带运动产生特定的声音——或者甚至是语法规律中发挥了重要作用。他认为，“你可以把它当作是学习说话时肌肉运动的动作序列，同时这些运动也相当于一句话：‘狗昨天追的猫是黑色的’。”

埃纳尔将其作为影响了人类大脑进化的突变中最好的一个例子。“对于其他的突变，我们并不是很清楚具体发生了什么。”他说。

灵巧的双手

从使用第一件石器，到利用火，再到学会书写，人类文明的发展在很大程度上依赖于肢体的灵活性。亚瑟·C. 克拉克（Arthur C. Clarke）在他的科幻小说《2001：太空奥德赛》（*2001: A Space Odyssey*）中描写了一只人猿用动物的骨头敲打物品的场景，并将其作为我们演化历程上的一个关键转折点，这不无道理。

如果外星人真的没有干预我们的进化，DNA 能解释我们使用工具的这个无与伦比的技能吗？一段名为 HACNS1 的 DNA 序列给出了线索。HACNS1 是“人类加速保留无编码序列 1”（human-accelerated conserved non-coding sequence 1）的缩写，在我们从黑猩猩中分化出来之后，它历经了 16 次突变。该片段相当于一个开关，用以控制另一个基因在胚胎内各处进行表达，其中包括稚嫩的四肢。若将人类基因中的 HACNS1 片段植入老鼠胚胎的体内，它会在前爪的部位表达得更为活跃，而这一部位恰好对应人类的手腕和拇指。

某些人认为这些突变与对生拇指（opposable thumbs）的形成有关，后者对于使用工具的一些精巧动作至关重要。实际上，黑猩猩也有对生拇指，只是和我们的不太像而已。“我们能更精细地控制肌肉运动。”波拉德说，“我们能抓住一根笔，但我们不能像大猩猩那样舒服地吊在树枝上。”

转战淀粉

黑猩猩以及其他大个头的灵长类动物主要吃水果和树叶。这些食物含有的热量极低，动物们不得不花费更多时间去寻找食粮。现代人主要从富含淀粉的谷类或植物的根系中获得能量。在过去的600万年间，随着我们开始使用石器，学会烧火煮饭，开荒种田，安家乐业，我们的饮食习惯必定发生了若干次转变。

某些变化发生的时间很难推定。目前人们还在争论究竟哪个是表明人类第一次使用炉床做饭的证据。而用于挖掘块茎和球茎的掘棍不会成为化石。另一个追踪饮食变化的方法是查看与饮食相关的基因。

吃进来的淀粉被分解为单糖供小肠吸收。在此过程中，一个名为唾液淀粉酶（salivary amylase）的消化酶起着重要作用。人类唾液里这种酶的含量要远高于黑猩猩唾液中的含量。黑猩猩的染色体内只有两个唾液淀粉酶的基因（分别位于相关的一对染色体上），而人类平均有6个，某些人甚至有多达15个。精子和卵子的DNA复制过程中出现的错误导致基因被多次复制。

为了弄清楚复制过程发生在何时，科学家对来自不同国家的人，以及黑猩猩和侏儒黑猩猩（bonobo）进行了基因测序。“我们希望能找到大约在200万年前发生了自然选择的证据。”领导这项唾液淀粉酶基因研究的达特茅斯大学（位于美国新罕布什尔州汉诺威）生物人类学家纳撒尼尔·多米尼（Nathaniel Dominy）说道。200万年前差不多是我们的大脑经历了容量扩张的时间，有人认为是开始使用淀粉含量更高的食物促成了大脑的变化。

然而研究小组却发现，基因发生复制的时间要晚得多——差不多是在10万年前到现在之间。这个时间段内发生的最大变化是农业开始发展，于是多米尼认为复制发生在我们开始种植谷物之时。“农业的出现是人类进化中的一个关键事件。”他说，“我们认为淀粉酶与此相关。”

农业的出现让我们能够居住在更大的地域中，从而引发了革新和文化爆炸，最终形成了现代生活。如果考虑所有与人类进化历程中关键转折点相关的突变，人类的诞生便更像是一系列不切实际的巧合的叠加。然而霍克斯指出，这只是因为没有把那些有害的突变计算在内。“我们只看到了有益的突变。”只有站在现在的角度看，那些把我们塑造为现在这副模样的基因才是“好的”。“这只是后知后觉。”霍克斯说，“当我们回溯整个历程，它看起来就是一连串令人惊愕的意外。”

2 巧合与理性

——为什么你无法抓住真相

我们的大脑十分神奇。正如上一章所看到的一样，大脑可演绎科学，解释我们的起源，甚至理解巧合在其中扮演的角色。然而，若是放任大脑独自应付，它们便会被随机性一次次地欺骗。在之后的一章里，我们会探讨数字上的实情——随机性的数学理论。不过现在，还是让我们花一点时间来欣赏人类思维与巧合之间的奇妙关联吧。我们会思考偶然和运气——它们究竟从哪儿来，又是如何一次又一次地把我们耍得团团转的呢？我们会探索大脑能否处理一场赌局中的需求关系，以及一个人究竟能否真正随机地行动。我们还会了解如何让巧合服务于你——让走运并非只靠运气。

神奇的巧合

伊恩·斯图尔特　杰克·科恩

我们乐见世间各种巧合之事，给某些看似相关——而在统计学家看来毫无关联——的事情添加解释。这似乎是一种天生的反应，人类总会在一些无关紧要的事情中窥见某些重大的意义。

杰拉兹一级方程式赛车世界锦标赛，1997 年第一赛季的最后一场比赛中，迈克尔·舒马赫比他的重量级对手雅克·维尔纳夫（Jacques Villeneuve）领先一分——这要多亏他的队友、法拉利队车手埃迪·欧文（Eddie Irvine）在上一场比赛中表现出的非凡驾驶技巧。维尔纳夫的队友、威廉车队的海因茨-哈拉尔德·弗伦岑（Heinz-Harald Frentzen）同样会参加最后一场的比赛，于是排位赛的名次就变得至关重要了……

结果如何呢？维尔纳夫、舒马赫与弗伦岑的单圈成绩均为 1 分 21.072 秒。目瞪口呆的解说员称之为一场惊异的巧合。诚然，这确实很“巧”——毕竟三个人的成绩完全相同。但这真的很难以置信吗？

这类问题并不仅仅出现在体育赛事中。它们随处可见，琐碎却意义重大。在旧金山的脱衣舞酒店遇到来自瑞典的洛蒂姨妈该有多吃惊？圣诞派对上三个互不相识的人穿着一模一样的裙子真的不可能吗？在科学领域里同样如此：群体性白血病究竟是多严重的事态？肺癌的患病率与家庭中存在吸烟者之间的高度相关性真的能证明被动吸烟是有害的吗？

本文作者之一的杰克·科恩是一名生殖生物学家。有一次，他曾被要求对两个十分离奇的统计结果做出解释。当他在以色列时，有人告诉他，以色列战斗机驾驶员的后代中有 84% 是女孩子。那个人问：“战斗机驾驶员的生活究竟有怎样的特别之处，才会使他们的后代女性比例如此之高？”第二个统计事例与体外受精有关。如今，IVF（体外受精）诊所使用超声波监测女性排卵，从而确定受精卵——日后发育成婴儿的细胞——是从卵巢的左侧还是右侧排出。一家诊所发现，绝大多数的女婴出自左卵巢，而男婴则倾向于从右卵巢出现。这是选择子女性别的突破性进展吗，还只是一个统计学上的巧合？

这个问题很难回答。直觉是最不可靠的，因为在随机性事件上，人类的直觉表现极差。许多人相信，在购买彩票时，选择过去出现次数较少的号码，更有可能赢得巨额奖金。他们使用“平均法则”为这一方法正名：从长远来看，任何事情的发生概率都是均等的。然而真相恰恰与之相反，而且完全违背直觉：的确，从长远来看，所有号码出现的几率的确相等。问题是彩票机器不长记性。长期而言几率的确是平均的，但你不知道那个所谓的“长期”究竟有多长。实际上，不论你尝试多少次，最佳的预测是：任何初始的差异都会保留到最后。

当思考巧合时，我们的直觉会错得更离谱。你去当地的一家游泳馆，柜台的员工从塞满了钥匙的抽屉里随便拿出一把递给你。来到更衣室，看到几乎空无一人的场馆，你暗自欣喜……直到发现在少得可怜的顾客中，竟然有三个人的更衣柜是与你相邻的，于是每当柜门撞在一起，都免不了一声“哦，抱歉”。或者，当你生平第一次也是最后一次来到夏威夷时，却与曾经在哈佛大学共事过的匈牙利人撞了个正着。又或者，当你与新婚的伴侣在爱尔兰一个人迹罕至的野营地度蜜月时，不幸目睹你的部门领导和他的新任妻子正从街道的对面走来……以上这一切，都发生在杰克身上。

这些巧合看上去都十分惊异，因为我们在潜意识里认为随机事件在时空中是均匀分布的。于是，一个又一个统计结果令我们不停地目瞪口呆。我们认为，一个“典型的”英国福利彩票的中奖号码是形如 5、14、27、36、39、45 的序列，而非 1、2、3、19、20、21，因为后者的可能性看上去小得多。实际上，二者出现的概率完全相等：1/13983816。六个随机数构成的序列中，相邻数字出现的可能性要大得多。

我们是如何知道的呢？概率论使用“样本空间”来

描述这类问题。样本空间包含了不只是我们所关注的，还有一切可能发生的情况。例如，扔一个骰子，样本空间就是{1，2，3，4，5，6}。对于英国彩票，样本空间就是从1到49中任意取出六个不相同的数字构成的所有序列的集合。样本空间中的每一个事件都被赋予了一个数值，作为它的“概率”，表示该事件发生的可能性有多大。对于一个没有做过手脚的骰子，任何一面朝上的概率都是相等的，均为1/6。彩票同样如此，只不过每一组数字出现的概率是1/13983816。

若想要知道一件事情究竟有多巧，考虑样本空间的大小是一个好方法。以F1大奖赛的单圈成绩为例，顶尖车手的车速大致相等，所以我们可以合理地假设三名车手的最快成绩相差不会超过0.1秒。按照千分之一秒的间隔计算，在0.1秒的区间内共有100个可能的时间点：这些时间点构成的集合就是样本空间。为简单起见，假设其中任何一个时间点出现的概率都是相等的，那么第二个车手与第一个车手成绩相同的可能性就是百分之一，第三个车手与第一或第二个车手成绩相同的可能性也是百分之一——那么三人成绩完全相同的概率便是万分之一。虽然看起来不大，但也不算很小：大概与高尔夫中一杆入洞的几率相当。

这类估算有助于解释报纸上出现的各类惊人巧合，例如桥牌中的完美牌面（perfect hand）：每位玩家手中的牌都是从 A 到 K 各一张的 13 张牌。在单次比赛中，这一牌面出现的几率是极小的。然而每个星期，在全世界各处举办的桥牌比赛的总数是很大的，大到每过若干星期，出现的牌面就足以遍历样本空间的每一种情况。换句话说，完美牌面必然会在某个牌局中出现——只不过没那么频繁就是了。

然而，样本空间的计算并不是那么直接。统计学家倾向于使用“显著的”样本空间。用以色列战斗机驾驶员的问题为例，统计学家会自然地将所有驾驶员的后代作为样本空间。但这种做法可能是错误的。为什么呢？我们经常会低估样本空间的大小，而造成结果比实际上更为巧合而惊人。这一切的罪魁祸首都在于所谓的“选择性报道”，这一概念在传统的统计学中经常被忽略。

以桥牌中的完美牌面为例，与不完美牌面比起来，前者更有可能在当地或国家的媒体中广泛报道。你何时见过一则新闻的标题是“诺丁汉桥牌联赛中出现极为普通的牌局”？人类的大脑总是试图在实践中寻觅规律，并紧紧盯住某些主观认为意义重大的事件，不管是否真的如此。在这一过程中，大脑会忽略所有“相邻的”事件，而正是那些被忽略的事件，有助于我们判断所谓的巧合实际上发生的概率。

选择性报道会影响 F1 比赛成绩的重要性。若没有那场巧合，那么或许美网公开赛的比分符合某种罕见的规律，或是那一星期中斯诺克锦标赛的得分数，或是高尔夫比赛……任何一场比赛都有可能成为话题。然而，没有一个未能发生的巧合——这才是真正不太常见的事情——会登上报纸的头版。如果在"本该发生却没有"的事件列表中仅加入十项主流体育运动，万分之一的几率就会提高到千分之一——这大概是掷硬币连续掷出十次正面的概率。

回到以色列战斗机驾驶员的话题上——84% 的几率真的只是巧合吗，还是说背后另有其因？为回答这个问题，传统的统计学会构建一个显著样本空间（驾驶员的子女），为男孩和女孩分配概率，然后计算在完全随机的试验中出现 84% 的女孩的概率。但这个分析方法忽略了选择性报道的影响。我们干嘛要关心以色列战斗机驾驶员的孩子是男是女呢？大概是因为这一现象已经引起了关注。如果不是孩子的性别，而是以色列飞机制造厂员工子女的身高，或是以色列机场空管人员妻子的肌肉强度表现出了某些特征，人们同样会把这些现象当作是某种巧合。传统的统计方法在无形中排出了许多没有表现出特征的因素——换句话说，低估了样本空间。

人类大脑会在海量的数据中过滤出看起来不同寻常的内容，然后才会发出一个警觉的信号：快看！关注的数据越多，越是有可能发现某些特征。这并没有什么错，但如果你想知道这些特征究竟有多显著，就不能把那些最开始引起你注意的数据计入样本中。假设一个房间里有 20

个人，很可能其中有某个人——长得最高的那个——的身高进入了全国身高分布的前几个百分点。但你不能把那个人排除掉，计算房间里其他人的平均身高，然后得出结论说那个人的身高极为惊人：你的前提条件已经暗含了这个结论。

这正是早期的超感知能力试验中犯的错误。数千名被试者从画有五种图案的牌堆中猜测某一张牌的牌面。经过数个星期的试验后，那些猜中的几率高于平均的人被筛选出来，进行进一步的测试。一开始，这些“善猜者”看起来似乎具有某种超能力。但随着试验的进行，他们的成功率逐渐下降到平均水平，仿佛他们的能力“逐渐消失”。这是因为他们最初的高分——他们被选中的原因——被包含在统计数据中。如果那些异常的得分没有计入第二次测试，他们的得分将立刻降至平均线附近。

战斗机驾驶员和左右卵巢的问题同样如此。引起研究者兴趣的离奇数字很有可能也是选择性报道——或者换个接近的词，选择性注意——的结果。若是如此，你就可以做出一个简单的预判：“接下来的试验得到的概率会重回到各占一半。”如果这个预测被证实错误，试验结果仍然表现出显著的偏离，那么新的数据便可以认为是有意义的。然而，聪明人仍会把赌注押在预测准确一方。

在传统的试验研究中，这种错误较为常见，例如找出某一种导致你患癌的食物。为了节省时间，通常的做法是同时比较多种食物——植物纤维、脂肪、红色肉类、蔬菜等——然后将它们一起与癌症发病率进行比较。听起来没什么问题。但接下来，当你从中选择了一个相关度最高的食物——它通常与癌症紧密关联——时，若不仔细加以甄别，你很容易会忘记一切其他相关的因素，而发表一篇论文称食用红色肉类会显著增加患癌的几率。问题在于，你从数百种不同的食物中，挑选了最明显的那几个，里面自然会有至少一个呈现出显著的相关性。从统计学上讲，即使所有食物的选择都是随机的，上述做法如果没有给出任何结果，那才是见鬼了。

所谓的人类精子数减少或许同样是选择性报道的又一个例子。哥本哈根大学尼尔斯·斯卡奇贝（Niels Skakkebaek）的小组于1997年发表了首个广为接受的证据，表明人类精子数量在减少。但我们不应将选择性报道怪罪于他们。在当时的氛围下，手握相反证据的学者们害怕自己是错的而不敢发布结果，期刊的审稿人更倾向于接受宣称精子数量减少而非增加的论文，而媒体则不分青红皂白地大肆渲染，把动物王国中各种各样与性别相关的缺陷全部汇为一种说辞，全然不顾每一种个体存在的问题都有其独立而完备的解释，与人类精子减少，甚至性别毫无关系。例如，对于生活在污水处理厂排放的水中的鱼群而言，它们的性别异常可能是由营养过剩导致，而非水中类雌激素成分——与“精子数量”一说不谋而合——造成。

这里想说的是，当估计统计显著性时，你必须为试验仔细选取样本空间，以得到真实可信的结果，而非被选择性报道影响的误解。最简单的方法是排除引起你注意的那部分数据，并重复试验以得到新的数据。即便如此，你仍然要注意不让偶然——异常情况——为你选择样本空间：否则你就会忽略邻近的样本。

我们决定在最近的一次前往瑞典的旅行中检验这一理论。在飞机上，杰克预测在斯德哥尔摩机场里会遇到一个巧合。他根据的理由是——选择性报道。只要足够细心，我们总会发现那么一两个巧合的。我们来到航站楼外的公交车站，一路上没有遇到任何巧合。但我们找了半天也没找到我们应乘坐的车次，于是杰克返回到服务台。就在他等候时，有个人站到了他的身后，而此人恰是杰克曾在英国华威大学（Warwick University）工作时在他隔壁办公的数学家斯蒂凡诺（Stefano）。

杰克的预测成为了现实。但我们真正想要寻找的是近似巧合（near-coincidence）——没有发生、然而一旦发生就会被选中的巧合事件。例如，如果有另一个我们认识的人在相同的时刻，但在另一天或另一个机场出现，我们是无法发现的。现在我们知道，瑞典有太多我们认识的人，在任何时刻几乎必然会与其中的某人相遇。根据定义，近似巧合很难被观察到。然而回到英国后不久，我们恰巧把上述经历讲给前来拜访的伊恩的朋友泰德（Ted）听。

“斯德哥尔摩？”泰德问：“你们什么时候去的？”我们回答了他。“你们住在哪家宾馆？”“博格加尔（Birger Jarl）”。“真巧，我也住在那儿，刚好就在你们的第二天！”如果我们的行程延后一天，我们就不会遇到斯蒂凡诺——却会碰到泰德。选择性报道让我们只把真正发生的事情告诉朋友。

概率论告诉我们某一件事情与其他相比有多大的可能性发生。但从另一个角度看，又不尽然。我们对概率的直觉糟糕透顶，因为我们大脑中检测特征的系统只会关注那些确实发生了的事情。世界上的每一个事件都是独一无二的。每一次邂逅，每一个物种的雌雄比例，每一局桥牌的牌面。“什么，你说你的电话号码和你的车牌号几乎一模一样？这太神奇了！”但如果你能想到，任何一个普通的公民都会有许多类似的号码（地址、邮编、个人识别码、手机、信用卡……），其中有两个号码看上去差不多也就完全不足为奇了。

我们绝不可以做的事情，是回顾过去，从中发现异常的规律，并视之意义重大——这正是众多金字塔学家和茶叶算命先生的生存之道。每一颗雨滴落在人行道上，都会形成独一无二的图案。我们不是说即使其中某一幅图案看起来像你的名字也无足为怪——而是说，如果明朝的某个午夜，有一颗雨滴落在北京的道路上拼出了你的名字，没有人会知道。评估重要性时，回顾历史没有任何用处：如果一定要这么做，你需要查看一切其他同样可能发生的事情。

每一个真实发生的事件都是独一无二的。你只有将其归为某一特定类别，才会知道应该在何种背景下去研究，否则你将无法估计它的概率。反过来讲，如果你认为诡异的事件的确存在于很小的样本空间中，这才是你真的该吓一跳的时候。

幸运因子

理查德·怀斯曼

你认为你走运吗？我们很容易将运气视为某种普遍存在的力量。然而，科学试验表明我们并非命运嘲弄的对象，一如莎翁笔下的罗密欧。所谓运气只不过是你有无准备为自身的利益探索随机事件的差别。每个人都可以成为幸运儿。

人们对运气有两种截然相反的看法：它关乎自身的实力；或者它是独断专横、不受控制的随机力量。究竟哪一种看法正确呢？十五年前，我试图了解运气背后的科学，看有没有可能利用它来为自己创造机遇。其结果揭示了隐藏在我们日常生活中的秘密科学惊人又迷人的内涵。

对运气的学术性探究可以追溯到20世纪30年代，杜克大学（位于北卡罗来纳州）的心理学家约瑟夫·班克斯·莱因（Joseph Banks Rhine）首次开展了一系列检验超感知能力的试验。某天，一个职业赌徒拜访了莱因，声称自己能够控制赌场内的骰子，从而左右自己的运气。出于好奇，莱因与同事们设计了若干试验。他们要求被试者对自己的幸运程度评级，并完成标准的超自然能力测验，例如尝试猜测一副洗好的牌的顺序。然而，测试的结果被证明不够充分，研究者最终失去了对运气给出科学性解释的兴趣。

在20世纪90年代，我偶然得知这场试验，并决定亲自着手重复试验。我在报纸和杂志上刊登广告，征集认为自己是极其走运或极其不走运的人参加试验。在接下来的数年中，我们共收到了近一千名英国人的反馈，这些人的试验结果显示出了惊人的相似性。幸运的人总是会在正确的时间出现在正确的地点，并且比其他人有更多的机遇，生活也“十分美满”。不幸运的人历尽坎坷，饱尝失败，且从无休止。我被他们的故事勾起了兴趣，决定一探究竟：他们的生活为何相差如此悬殊？

试验的第一阶段类似于早期通灵术的试验。我们要求被试者预测一些纯粹随机的事件的结果，例如猜测彩票的中奖号码。结果表明，幸运者与不幸者的表现没有太大区别，双方的成绩与事件发生的概率一致。

于是，我们转而关注日常生活中的复杂性。我们猜想，许多看上去是巧合的事件，其实只是我们的思考与行动导致的必然结果。或许，不论是走运的人还是不走运的人，他们都只在无意识中改写着自己的命运。例如，走运的人可能更活泼开朗，擅于结识他人，从而有更多的“机会”遇到巧合；不走运的人可能尤为悲观，面对失败很快放弃，从而难以获得成功女神的垂青。

为了检验这些想法，我们进行了一系列研究。比如说，在一个小规模试验里，我们在一家咖啡店前的道路上放置了一张五英镑的钞票，并请两位分别自称走运和不走运的志愿者参加试验。自称幸运的男子发现了地上的钱，捡了起来，进入咖啡店，不消片刻便与一名成功的商业人士（实际上是我们的工作人员）攀谈起来，并请他喝了一杯咖啡。与之相对，自称不走运的女子则没有留意到地上的钱，进入咖啡店，点了一杯咖啡后，在桌边独自一人啜饮。当被问到各自的婚姻状况如何时，女子将其形容为毫无乐趣，而男子则畅谈其中的美好时光。

从其他更大规模的试验和调查问卷来看，幸运与不幸运之间差异巨大。我们发现，幸运的人善于借助网络等工具创造和发现机遇，面对生活更加游刃有余，乐于体验新的事物和经历。而且，当遇到生活中一些重大并复杂的问题时，幸运的人倾向于凭借自己的直觉做出更有效的决断。他们确信自己的未来好运连连，一片光明；这种期望又会反过来激励他们及周围的人，进而成为自洽的预言。最后，幸运者具有很强的适应能力，遭遇挫折时他们会通过设想最坏的后果或是掌控局面而加以应对。

在研究的最后阶段，我们试图了解有无可能通过让不幸运的人按照幸运者的方式思考和行动，从而提升自身的运气。在心理学上，这类改变是十分棘手的一个问题。某些研究者相信，人的个性的基本要素深深根植于大脑中，难以发生改变。其他人，包括我在内，则认为个性在某种程度上是可以发生真正改变的。

在研究中，我们邀请了一批不认为自己很走运或者很不走运的人，并要求他们接受一系列简单的训练，这些训练旨在鼓励他们相信自己是幸运的。例如，被试者每天都要花费数分钟回想自己生活中积极美好的一面，更多与他人接触，并淡然看待人生。数个月后，我们跟踪调查这些被试者，询问他们的幸福、健康和幸运程度。整体来看，被试者变得更加愉悦、健康，也变得更加幸运。简而言之，改变自身的想法和行动，是可以对生活产生真正而持久的改善的。

经常有人邀请我介绍我的研究工作。如今，从高科技公司到顶级运动员，许多组织和个人都对幸运背后的科学表示出了兴趣。在我生活的英国，许多人似乎已深深沉溺于这个想法——或许是因为这里的本土英国人比例要更高，对他们而言“行事幸运”意味着开朗、健谈、抓住一切机遇。（在美国，人们似乎并不这么想。）不论原因如何，我希望我们都能很快学会幸运的本质——它是人人都能学会并掌握的技能。

纵观历史，人们知道眨眼间的罹难会带来持续数年的痛苦。例如，被闪电击中的人会身患永久性的残疾。而好运则会节省大量艰苦的工作。以演员莎丽斯·西龙（Charlize Theron）为例，她在银行怒发冲冠之前，曾在业内苦苦挣扎数年，而她稍显做作的反应引起了一名恰好站在她身后的演艺公司经纪人的注意。

出于这些故事的原因，许多人试着通过模仿一些迷信的行为、携带幸运道具而使自己变得更幸运。这些都是毫无作用的，因为它们都是基于对问题的过时且错误的思考方式。如今，我们应该适应更加理性、更加科学的方法来获得好运：走出家门，抓住机遇。

不走寻常路

迈克尔·布鲁克斯

如果你的大脑不擅长将随机的事件转变为机遇，或许你可以试着从随机中创造机遇。停止思考，把一切交给不可预测的裁决，或许你就能成为世界上最受欢迎的手游——石头、剪子、布——的不败王者。

规则很简单：布赢石头，石头赢剪子，剪子赢布。在决定这顿饭该谁付钱，或是谁有权使用遥控器时，这是再普通不过的一个手段——和扔一枚硬币差不多，对吧？

如果你真的这样想，那可就大错特错了。石头剪子布（RPS）[①]——或称猜拳（RoShamBo）——是一项惊人的策略游戏，从中我们可以看到人类思维的多变和极限。每一届世界猜拳大赛的冠军都会赢得巨额奖金，还有专门为寻找最佳猜拳程序的严酷比赛，究竟哪个才是最佳猜拳战略的争论仍然不见尽头。当数百万美金系在挥下的纤纤素手之上，我们很难说这个争论是没有意义的。那么，想要在猜拳中获胜，究竟该怎么办？

从数学角度来看，猜拳是一类名为反传递关系

① 系石头、剪子、布的英文“Rock Paper Scissors”的首字母缩写。——译者注

（intransitive relation）的函数，这意味着它会形成一个无限循环，没有起始也没有终结，公然违抗传统的等级制度。虽然每一项选择都优于其他某一项，但不可能从中决定出何者“最好”，这便引起了数学家们的兴趣。“你需要仔细考虑什么叫作‘更好’。”约翰·黑格（John Haigh）说，他是英国萨塞克斯大学（University of Sussex）的一名数学家。“一切的关键在于语境。”

既然被数学家盯上了，计算机程序就会不可避免地牵扯其中，并试图成为一名终极玩家。根据博弈论，最佳战略十分简单：随机出拳。如果没有人能预测你的行动，也就不会有针对你的必胜策略。这听起来很简单，实则不然，甚至对于计算机而言也是如此——戴维·博尔顿（David Bolton），作家兼应用程序开发员，已经证实了这一点。

身为忠实的猜拳玩家，博尔顿曾举办计算机猜拳联赛。来自世界各地的竞争者——菲律宾、南非、瑞典、中国——带着他们的程序，或称机器人，使用花样百出的策略，在比赛中一决胜负。令人吃惊的是，所有那些成绩垫底的机器人都是只使用随机来制定选择策略的。“它们的成绩都在联赛中垫底。”博尔顿说。

一个必然的解释是，这些差劲的玩家并不是真正随机地出拳。如果它们的出拳顺序中存在任何规律，精明的机器人便会立刻将其看穿，然后找到制胜的策略。比如说，它们会分析对手的历史出拳记录，从中寻找规律，然后预判对手下一次最有可能出什么。

虽然程序之间的竞争对于程序员来说是一种挑战，然而佩瑞·弗里德曼（Perry Friedman）——第一代猜拳机器人中 RoShamBot 的制造者——说，这对其他人而言并不是十分具有吸引力。猜拳机器人的表现过于完美了。“我们最好找到一个人类也能参与其中并分庭抗礼的比赛。”弗里德曼说。因此，当制造 RoShamBot 时，他故意把它弄得没那么完美。制造者称，虽然程序十分强大，但其迷人之处在于，它不会让玩家输得太惨。

自从斯坦福大学毕业以后，弗里德曼便在 IBM 和 Oracle 公司任程序员一职，同时以职业玩家的身份参与扑克比赛。弗里德曼说，在后一项事业中，与其他人玩猜拳对他帮助很大，因为实时的猜拳游戏可以反映出人类思维的独特性。在猜拳中，制胜的黄金法宝是变得不可预测，然而若不经过特殊的训练，人类几乎无法做到这一点。“人们总是会陷入某一模式中。”弗里德曼说，“他们会告诉自己，‘我刚才已经出了两次石头，那我接下来就不能再出石头了，否则这看上去不够随机’。”

更糟糕的是，人们还会试图总结对方出拳的规律。“他们总是会发现一些子虚乌有的规律。”弗里德曼说。他补充，这同样是网络游戏中玩家抱怨的一个主要问题：当他们发现自己输得十分“碰巧”（例如计算机掷出的骰子点数）时，他们就会认为自己受骗了。“凭什么它（指计算机）偏偏就能在那个时候扔出两个六来？”问题是，弗雷德曼指出，“当计算机没有扔出两个六时，玩家从不会这样问。”

如果你想在猜拳中获胜，弗雷德曼的建议是思考——但不要想太多。自然，你想要自己的出拳看上去随机，然而一旦游戏开始，你就应找寻规律。如果对手是人类，他/她就有很大的几率——有意识或无意识地——按照某种既定的模式出拳。以最快的速度发现规律，对方就必败无疑。

另一个诀窍是不要在第一局出石头。这个策略在2005年帮助克里斯蒂拍卖行（Christie's）赢得了数百万美金。当时，一个富有的日本艺术收藏家不知该如何选择拍卖公司来竞拍他持有的一幅印象派作品，于是该收藏家提议用猜拳的方式决定。克里斯蒂拍卖行向自己的雇员征询意见，而其中一名雇员的女儿恰好凭借猜拳在学校内小有名气。“人们总会认为对方出石头。”女孩说。她给出的建议便是：先出剪子。克里斯蒂拍卖行依照专家意见行事，而竞争对手索斯比拍卖行（Sotheby's）则出了布——从而输掉了一场生意。

即便是在与高手对决时，先出剪子也是个好策略：

对方会认为先出石头太过常规，那么你可能的最坏结果也只是平局。一旦比赛继续进行，其他各种战略便会投入使用。你可以尝试双重欺骗：告诉对手你要出什么，然后照着做。对手不会相信你真的会依言行事，于是也不会出可以打败你的拳型。如果你突然之间不知所措，就出上一局中对方的出拳可以击败的拳型：某些潜意识的活动似乎会促使玩家（尤其是认为自己处于下风的玩家）试图打败自己上一局的出拳。

若上述所有战略尽数失效，还有一条法则是“多出布”，因为对方出石头的几率更高。1998 年，东京理科大学（Tokyo University of Science）的数学家吉泽三井（Mitsui Yoshizawa，音译）研究了 725 人的出拳，发现出石头的概率占 35%，布为 33%，剪子则是 31%。脸书（Facebook）上有一阵曾推出名为 Roshambull 的在线猜拳游戏，共举行 160 万局游戏，记录了 1000 万次出拳。统计结果为：石头 36%，布 30%，剪子 34%。“玩家显然略微倾向于出石头，并且这一倾向影响到了所有游戏的分布。”来自世界猜拳社区（World RPS Society）的格雷厄姆·沃克（Graham Walker）说。沃克运营着一个网站，为浏览者提供猜拳游戏的训练。这让他感到很高兴，因为这向人们展示在世界猜拳大赛中获胜靠的不是运气而是技巧。“既然人们更倾向于出石头，我们就不能说猜拳是一个纯粹依靠运气的游戏。”他说。

好了，现在你知道该如何抉择了。花点时间学习一下，在网上进行练习，然后睁大眼睛，摆出一副天真的面孔，提出一个看似无害的建议：我们要不要靠猜拳来决定？

赌场胜算

海伦·汤姆逊

当放任自己进行随机选择时，习惯搜寻规律的大脑将成为最危险的敌人。至少，这是一名勇敢无畏的《新科学家》记者发现的结论，她决定把自己所学的数学技巧应用到当地的一家赌场中。不过，数学并不是只能在赌博中帮助你处理种种巧合，它甚至可以帮你选择结婚的对象。

2004年，一个名为阿什利·雷维尔（Ashley Revell）的伦敦人变卖了自己的房子以及所有财物，加上自己的毕生积蓄，共拿到了76840英镑。他飞往拉斯维加斯，来到一个轮盘赌的桌旁，把所有的钱都压在了红色上。

庄家转动轮盘，观众们屏息凝神，紧盯着来回跳动的弹球。弹跳了四五次后，球落入第7号格子里——红7。

雷维尔的赌法很直接：赢了翻倍，输了赔光。然而在差不多40年前，当麻省理工学院的数学系学生爱德华·索普（Edward Thorp）来到同一家赌场时，他却很清楚球会落到哪个格子里。离开时，他赚了一笔，然后又辗转于赛马场、篮球场和股市间，成为了百万富翁。他不是走运，而是利用自己掌握的数学知识理解并战胜了巧合。

无人能预知未来，但概率论为我们提供了一个工具。带着概率论、高中教育经历和兜里的 50 英镑，我踏上了旅程，试图发现索普和其他相似的人是如何利用数学武器获得了胜利。概率论能让我赚多少钱呢？

当 1961 年夏天，索普站在轮盘赌的桌前时，他丝毫不必紧张——他随身带着第一台“可穿戴式”计算机，用于帮助他预测球的落点。一旦球被掷出，索普便使用藏在他鞋子里的微动开关，向计算机中输入球和转盘的初始速度及位置。“计算机会给出球的落点的可能分布，然后我就把钱押在那些位置上。”他这样告诉我。

现在，索普的那套装备在赌场中是被禁止使用的，而且借助计算机的方法与我最初的设想有些偏离。没有了计算机，我还能打败庄家吗？有可能，只是你要有足够的钱，以及对概率论的坚定信念。

转轮的每一次转动都是独立的。下赌注的方式有很多种，比如押在某个数字上，或押在某个颜色上：红或黑。或者，我还可以用“分打”（split dozen）的方式下注：把筹码放到两栏的交界处。不过作为新手，我决定按照简单的方式来，那么最佳选择大概是押在某一个颜色上。然而，这种下注方式的胜率并非 50%。

这是因为在轮盘赌中存在“0”，它是绿色的。这让赌红或赌黑的胜率略微偏离 50%，从长远来看庄家永远是有利的：我的胜率只有 48.6%。这是在欧洲赌场；而在美国赌场，轮盘赌的转盘上有两个绿色的零，这进一步增加了庄家的胜率。在美国，我在每一次下注中平均只有47.4%的几率能中奖。

如果我想将收益最大化，我可以采用重复下注在某一个颜色，在输掉之后的下一局将押注翻倍的策略。然而这个方法需要玩家有足够多的筹码，因为只要连续输几局，筹码很快就会见底。如果我十分不幸，连战连输七场之后，那么最初的10英镑本金很快会翻至1280英镑。不仅如此，赌场中有最大赌注的规定，就算我不差钱，我也不能永远按照这个策略玩下去。而且，即使我手气极佳，我赢到的钱也不会像我输掉的钱那般飞速增长：因为赢得的最多只是本金，但输掉的却更多。因此，这个策略虽然听上去挺聪明，但实际上风险极大，而且利润极低。轮盘赌大概会很快让我赔个精光。

这样想着，我离开了轮盘赌，跟随索普的脚步，来到了黑杰克[①]的牌桌。1962年，索普出版了一本名为《打败庄家》（*Beat the Dealer*）的书，证明了大家许久以来的猜测：通过跟踪牌面，是可以提高胜率的。索普通过实践赢得了数千美金。

这个方法如今被称为计牌（card counting）。现在它还管用吗？我能学会吗？这是合法的吗？

---

① blackjack，一种扑克游戏，又译二十一点。

“这当然不是非法的。”索普向我保证，“赌场看不到你脑子里在想什么——至少现在不能。”不仅如此，在简单的入门教学后，它听起来没那么难。“只要你走进任何一家开设黑杰克牌桌的赌场，只要使用我教给你的计牌方法，你就会较为轻松地获得明显的优势。”索普说。

计牌的基本方式很简单。黑杰克的玩法是：开局后，每位玩家得到两张牌，并亮出牌面。人物牌[①]计为10点，A可按玩家喜好算做1点或11点。游戏的玩法是使自己手牌的点数和尽可能接近但不超过21点——一旦超过则被称为“爆牌”，并输掉这一局。想要获胜，你的点数必须超过庄家的点数。所有的牌都从“牌盒”中拿出，其中装有三到六副扑克牌。玩家可以维持自己的两张手牌，或是选择“追加”（hit）——额外得到一张牌，以尽可能接近21点。若庄家的手牌不大于16点，庄家必须追加一张牌。每一局结束后，用过的牌便会被丢弃。

计牌的基本原理是记住所有弃牌，以推测牌盒里还剩下哪些牌。这是因为，若牌盒里剩余更多高点数的牌，这对玩家有利；若剩余牌的点数普遍较低，则对庄家有利。若剩牌的点数普遍较高，玩家就更有可能依靠每局最初的两张手牌获得20或21点，而一旦庄家的手牌点数小于

① 指扑克牌中所有花色的J、Q、K。——译者注

17，庄家便很容易爆牌。同理，若牌盒中低点数的牌更多，庄家会更占便宜。

若你能持续跟踪桌面上的牌，你就会知道赌局何时会对你更有利。最简单的方法是从零开始，根据桌面上的牌进行加或减。若牌的点数较低（2~6），就加上1；若牌的点数较高（10点或以上）就减去1；若牌的点数为7、8或9，则不加也不减。然后，按照你在心中计算的数字下注：若得数比较小，就降低赌注，若得数比较大，就增加赌注。据索普说，这个方法能带来高达5%的收益。

在家里练习了一番后，我动身前往离家最近的一个赌场。努力融入年轻的富豪、可怖的黑手党和高贵的鸡尾酒侍构成的环境是一回事，而努力一边计牌一边保持冷静则是另一回事。“如果赌场怀疑你在计牌，他们会要求你去玩别的赌局，或者干脆把你踢出去。”赌场的一位常客告诉我。

数个小时后，我渐渐开始掌握其中的要领。我最初的赌注是30英镑，最终赢了12.50英镑。这个方法很好，但实际上收获要远低于付出的努力，我感觉买张彩票中奖都要比这个容易得多。那我能不能提高我中大奖的几率呢？从一个名叫阿历克斯·怀特（Alex White）的人身上，我们可以学到一些教训。

怀特（化名）永远不会忘记1995年1月14日的那

一夜晚。他命中了英国彩票的所有六位数字，头等奖奖金累计可达 1600 万英镑。不幸的是，怀特只得到了 122510 英镑，因为全国还有其他 132 位买家同样猜中了这六个数字，并与他平分了奖金。

市面上到处都有声称能够提高中奖率的书籍。那些方法没有一个是管用的。六个数字的任一种组合出现的概率都是相等的——在英国“乐透”中，这个概率是 1/13983816。然而正如怀特的故事中所说，你有可能要与其他人分享奖金，这便提供了一个使得到的奖金最大化的方法。你中头彩的概率依然很小，但一旦中奖号码只与你一个人的一致，你便可以独占巨额奖金。

那么，该如何选择一个独一无二的彩票号码呢？去问国家彩票中心里的工作人员是毫无用处的，他们绝不会透露任何关于其他买家所选号码的信息。但这拦不住英国南安普顿大学的数学家西蒙·科克斯（Simon Cox）进行尝试。1998 年，科克斯通过分析 113 注彩票号码，发现了英国彩票买家们偏爱的数字。他统计有多少个买家猜中了四个、五个或六个数字，并将中奖号码与之对比，便得出了哪些号码最受青睐。

究竟有哪些号码最容易被选中呢？排在第一的是数字 7，它比第二受欢迎的数字 46 要高出 25%。14 和 8 也很受喜爱，而 44 与 45 则是无人问津。其中最明显的特征是，人们更喜欢选择小于或等于 31 的数字。“这被称为生日效应，”科克斯说，“许多人都愿意选择自己的生日作为彩票号码。”

除此之外，还有其他一些特征。受选率最高的号码集中在彩票纸的中央区域，这表明人们会受到分布位置的影响。类似地，也有不少人会直接沿着某一条斜线选择号码。另一个明显的倾向是，人们不愿选择连续的号码。“买家避免选择相邻的数字，即使1、2、3、4、5、6这一组合出现的概率与其他组合完全相等。”科克斯说。在美国、瑞士和加拿大开展的同类研究也得出了近似的结论。

为了验证选择不常见的数字组合能提升获得的奖金，科克斯模拟了一次垄断式下注：每周购买75000张彩票，随机选号。他选择了英国彩票前224次真实的中奖号码，计算出模拟下注总共会赢得750万英镑——只不过买彩票花的钱有1680万英镑之多。然而，若只选择那些无人问津的号码，模拟结果显示他会赢得原来的二倍还要多的奖金。

于是，这一策略十分明确：选择大于31的数字，并优先考虑连在一起或位于彩票纸边缘的号码。如果你猜中了所有六个数字，你将不必与其他人共享丰厚的奖金。

不幸的是，概率论同样告诉我中头奖的概率微乎其微。我买了一注彩票，选的是科克斯统计出的六个最不受欢迎的数字：26、34、44、46、47、49。没有一个与中奖号码一致。于是我选择掉头前往博彩公司。

虽说想要在庄家自己的游戏中拔得头筹几乎是不可能的事，然而若同时向互相对立的庄家下注，就可以成为最终的赢家——剑桥大学的数学教授约翰·巴罗（John Barrow）在他的著书《100个你永远不会知道你永远不会知道的事情》（*100 Things You Never Knew You Never Knew*）中这样说道。巴罗在书中讲解了如何在不同庄家之间分配赌金，以保证不论结果如何，你都能赢钱。

每家博彩公司都会依自身便利调整赔率，以保证没有人能以同时向两边下注的方式从中获利。不过巴罗说，这并不意味着所有博彩公司设置的赔率都是相同的，而这正是赌徒可利用之处。

举例来说，比如你想要在英国的一项重大赛事——牛津与剑桥的划艇年度大赛——上下注。一家博彩公司开出的获胜赔率是：剑桥 3:1，牛津 1:4。然而，另一家公司持不同意见，开出了剑桥 1:1，牛津 1:2 的赔率。

每家博彩公司都会仔细调整自己开出的价码，以保证买家不可能以同时向牛津和剑桥下注的方式赢利而不论哪一方获胜。但是，若你将赌金分散至两家公司，便有可能保证 100% 获利（见插图）。经计算，你只要在第一家公司向剑桥下注 37.50 英镑，在第二家公司向牛津下注 100 英镑，那么不管结果如何，你都能赚到 12.50 英镑。

假设一场比赛中有N名参赛者

当Q小于1时，你总能赢利，

Q=1/（a_1+1）+1/（a_2+1）+...+1/（a_n+1），a_1为1号选手获胜的几率，a_2为2号选手的赢率，以此类推。

若Q<1，则表明存在套利的机会：方法是，将赌金的（1/（a_1+1））/Q押在1号选手上，（1/（a_2+1））/Q押在2号选手上，以此类推。

让我们来看一个简单的例子：牛津与剑桥的划艇比赛

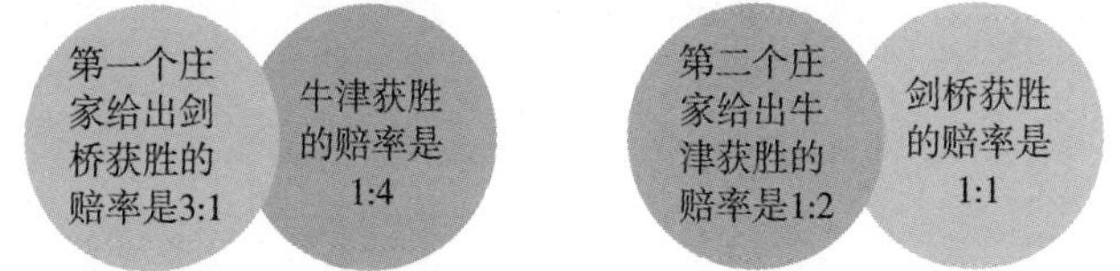

在第一个庄家处向剑桥下注，在第二个庄家处向牛津下注
那么你就一定能赢利

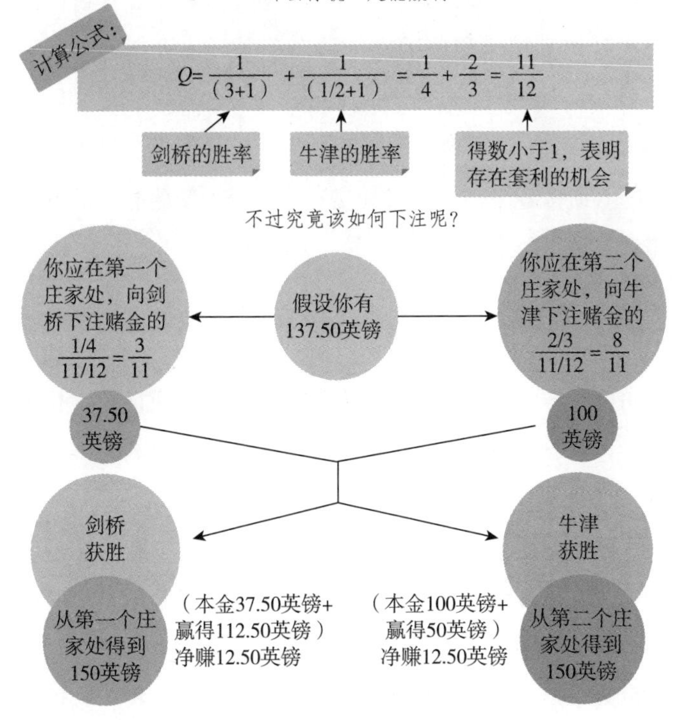

理论上很简单，但这真的可行吗？当然，巴罗回答。“可能性相当大，因为不同博彩公司之间对比赛结果的看法不一。”

这种保证获利的方法被称为“套利”。不过，这个机会相当稀少。“一场比赛中参赛者越少，使用这种方法下注的机会越大。所以比起有许多匹马参加的赛马而言，一次只有六只狗参赛的赛狗更适合这样做。”巴罗说。

即便如此，因为其中的数学原理相对简单，我便决定在网上进行尝试。在线下注的美妙之处在于，你可以轻松找到许多赔率稍有差别的博彩公司。“机会的确每天都存在，”在线博彩公司 Betfair 的托尼·卡尔文（Tony Calvin）说，“但这并非毫无风险，因为你不总是能够完全随心所欲地下注。不过确实有一部分人使用套利的方法赚钱过活。”

我说服了几个朋友和我一起尝试在线下注。然后，我们便选择一场比赛，每个人跟踪一匹马，并查询不同公司给出的赔率，从中发现可以套利的机会。说实话，这相当累人，而制定具体的下注方案则更为困难。套利并不是给外行准备的方法。

然而，此方法仍然相当令人上瘾，尤其是当你逐渐能够找到可以赢利的下注方式时。而这便是赌博带来的麻烦——即便手中有数学工具撑腰，你还是很容易忘记其中的风险。幸运的是，概率论仍然能拉你最后一把：告诉你何时该停手。

从某种意义上，我们的生活就像是无数个赌局。你可能会坚信下一个工作会更好，而不停地拒绝现有的工作职位；或是不断地向轮盘赌下注，生怕错过下一个赢的机会。知道什么时候该收手比知道该如何赢更重要。同样地，数学可以助你一臂之力。

如果你不知道该在什么时候停手，你可以去了解一下"缩减回报"——这是终极的刹车手段。证明这个手段的最佳方法被称为结婚问题。假设你被告知必须要结婚，并且只能从100名候选者中挑选你的人生伴侣。你有且只有一次机会与每一名候选者见面。见面后，你必须决定是否娶此人为妻：若拒绝，你将永远不能再和她结婚。照此规则，若你拒绝了前99名候选人，那么你只能同最后一名结婚。你或许会认为挑中一位理想伴侣的几率为1/100，但事实上，你的几率要大得多。

如果你只面试一半的候选者，然后在遇到下一个认为最好的候选者——比之前面试过的所有人都要好——时停下，你与最佳伴侣结合的概率便提高至25%。概率论再次发挥神威。有四分之一的几率，次佳的候选者会在前50人里，而最佳的候选者在后50人中。因此，"遇到下一个认为最好的候选者时停下"的方法能以25%的概率帮你找到最理想的伴侣。在剩下的75%中，你很有可能与最后一名候选者结婚，而她是最不理想的伴侣的可能性为 1/100——不必担心，只是有这种可能而已，而非必然。

不过，你可以进一步提高几率。哈佛大学的约翰·吉尔伯特（John Gilbert）与弗雷德里克·莫斯塔勒（Frederick Mosteller）已证明，你可以先面试前 37 名候选者，然后在遇到下一个认为最好的候选者时停下，这可以让你与最佳伴侣结合的概率提高至 37%。37 这个数字是 100 除以 e——自然对数的底，约等于 2.72——并四舍五入至整数而得到。吉尔伯特与莫斯塔勒的方法对于任意数量的候选人均适用，你只要把总人数除以 e 即可。例如，假设你面临 50 家提供车辆保险的公司，但不知道下一家会不会比上一家提供更为优厚的条件。是否需要逐一咨询所有保险公司呢？不，只需给前 18（=50 ÷ 2.72）家公司打电话，然后选择下一家最好的公司即可。

这个方法也可以应用到寻找在赌博中应该停手的时机。假设你打算放开手脚玩上几局。在开始之前，先确定你最多打算赌几局——比如说 20 局。为了最大限度提高你见好就收的几率，你应该先玩 7 局，之后一旦遇到某一局你的收益大于此前任何一局，便立刻停止。

应用这个方法的真正困难则在心理层面。根据西弗吉尼亚大学（位于摩根敦）的心理学家约奈尔·斯特劳（JoNell Strough）所说，你的投资越多，你越有可能做出不理智的、打破底线的决定。

这被称为沉没成本误区（sunk-cost fallacy），反映出我们一旦开始便难以回头，即便沉入泥淖也会继续投资的倾向。它可以解释为什么我们一旦花了钱看电影，即便它是一部烂作，也会愿意浪费时间看完。

所以，如果你必须下赌注，不要忘记用一些数学工具让自己先发制人，或是至少知道该何时洗手不干。就个人而言，我想我会选择退出。我最终赚了 11.50 英镑：在赌场小赚一笔，然后花了一英镑买一注彩票。这些钱只够我零花用，然而我为此花费的心血却不少。或许我应该直接全部押到红色上。

偶然的发明

鲍勃·霍姆斯

科学家可以研究运气为何，但他们也可以偶尔加以利用。我们或多或少都听过一些实验室里无心插柳柳成荫的故事，只是不知道这些巧合多久会发生一次——以及它们究竟是否如故事中描绘的那般奇巧。实际上，科学家们并不总是能得到与投入成正比的回报。

如果你想让矮牵牛花长出深紫色，只要往它的细胞核里添加一段紫色基因就行了，对吧？错。加入的基因使花变成了白色。在20世纪90年代早期，两位植物生物学家，美国的理查德·乔根森（Richard Jorgensen）与荷兰的约瑟夫·莫尔（Joseph Mol）分别发现了这一惊奇的现象。两人都没有把这一发现归结为失误，而是预感到一场风暴即将到来。预感成真了：他们发现了细胞调控基因表达的全新方式，如今被称为RNA干扰（RNA interference）。自那时起，RNA干扰便成了诺贝尔奖的热门候补[①]，并治疗了——而且将会治疗——不计其数的生命。

这一发现绝不是科学碰上好运气的唯一事例。珀

① 安德鲁·菲雷什（Andrew Fire）与克雷格·梅洛（Craig Mello）因阐明RNA干扰的机制而获得2006年诺贝尔医学奖。——译者注

西·斯潘塞（Percy Spencer）是美国雷神（Raytheon）公司的工程师。1945 年，他正埋头检查一套雷达设备，这时忽然发现自己衣服口袋里的一条糖果融化了。这个观察结果导致雷神公司于两年后发明了第一台商用微波炉。1976 年，化学家沙史坎·伐尼斯（Shashikant Phadnis）的老板要求他测试一种氯化糖类化合物，它本是作为一种潜在的杀虫剂被研究。然而伐尼斯听错了老板的指示，误以为老板要求他"品尝"[①]那个东西——考虑到他的工作领域，这可能是一个极其危险的错误——却发现它甜得要命。如今，我们将其称为三氯蔗糖（Sucralose，又译蔗糖素或甜蜜素），是一种甜味剂。伟哥曾经是失败的心脏病药物,直到有人发现了它有趣且极具市场价值的副作用。

这类事例表明，在科学的发展中，巧合的作用不可忽视，其效果通常是戏剧性的。然而，我们对它的贡献又知道多少呢？如果能给它一个更确切的定义，它的影响或许就能表现得更清楚：它是人人都能遇到的事情吗（例如买彩票），还是像路易斯·巴斯德（Louis Pasteur）所说的那样，"机会只给有准备的人"？至少，有一个学科认为，巴斯德的说法是正确的，而且我们可以训练自己的思维以更容易发现机遇的征兆。

巧合在科学中起到了多大的作用？在这个问题上，

① 原文 taste，与前文中"测试"（test）仅相差一个元音。——译者注

各方的回答不一。"关于无心发现的故事并不多。你大概能找到几十个，然而在过去的两百年里，有太多的发现都是依靠不懈的努力。"阿里森商学院（Arison School of Business，位于以色列赫兹利亚）的创新研究员雅各布·戈登堡（Jacob Goldenberg）说。"如果把偶然的发现与不是偶然的发现相比，我敢说这个比率不到千分之五。但我们就是爱听那些故事。"

其他人则认为巧合的功劳要更大一些。"作为社会科学家，我想到的所有点子都是在我开始进行研究以后才出现的，而且从来没有按照我所期望的方式出现过。"英国卡迪夫大学（Cardiff University）的科学社会学家哈里·科林斯（Harry Collins）说道。如果我们低估了幸运的威力，这在某种程度上是因为它所造成的冲击性没有那么剧烈。"我认为，小惊喜比较常见，而大惊喜就很稀少了。"弗吉尼亚大学（位于夏洛茨维尔）的社会心理学家迈克尔·戈尔曼（Michael Gorman）这样说。

造成以上观点差异的一个原因是，人们很难界定究竟怎样才算是巧合。毕竟，一个人的一生就是在不停地做出抉择，而每一次选择总是伴随着某种偶然：或许你碰巧在学校中遇到一位善于启发的科学教师；或许你的一个同事碰巧知道一些十分有用的信息；或许有一场实验碰巧进行得极为顺利。以上这些都可能是巧合——但这并不意味着所有的发现都是偶然的。

例如，神经生物学中最热门的一个领域是光遗传学（optogenetics），研究者可以以极高的精度控制一组神经的行为。在位于加利福尼亚的斯坦福大学任职时，埃德·博伊登（Ed Boyden）与他的同事发现了该领域中的一个关键技术：使用藻类中的光敏蛋白触发神经的电活动（electrical activity）。他们已经对使用光控制神经的方法思考了数年（想法不谋而合——可以算作是第一个巧合），然后便在偶然间看到有关藻类的研究（又一次幸运事件），并决定尝试将藻类基因植入老鼠的细胞中。

"我们差不多是一举成功。"博伊登回忆说。他现在任职于麻省理工学院媒体实验室（MIT Media Lab）。"有谁能想到，来自藻类——一种完全不同的生物——的分子，会在神经细胞中正常发挥作用呢？这也是意料之外的发现。"并且他们随后得知，他们比自己想象中的还要走运：藻类的蛋白质需要另一种分子的协助以发挥作用，而这个分子却因一个完全不相干的原因，恰好存在于哺乳动物的大脑内。

即便如此，意外的发现并不是这个故事的全部。控制神经细胞的想法一直存在于博伊登与同事的脑海里：按照巴斯德的说法，他们的思维早已"有所准备"。

科学史上最标志性的巧合大概要数亚历山大·弗莱明（Alexander Fleming）发现青霉素一事了。1928年，在伦敦圣玛丽医院的实验室里，一个外来的真菌孢子落在了某个废弃的细菌培养皿上。一个星期后，当弗莱明前去检查时，他注意到那丛真菌周围的细菌被什么东西杀死了，形成一个明显的环状空区——那个东西便是青霉素。

然而，弗莱明的发现也并非空穴来风。在那之前的一个世纪里，包括巴斯德在内的许多科学家都注意到霉菌会抑制细菌的生长。弗莱明也花费了数年寻找杀死细菌的化学物质，并且已经找到了一个——溶菌酶（lysozyme），是他从感冒患者的鼻涕中分离出来的一种酶。弗莱明极速的反应与联想帮助他找到了最终答案，但又过了十年，其他科学家——霍华德·弗洛里（Howard Florey）和厄恩斯特·钱恩（Ernst Chain）——才找到了把霉菌变成药物的方法。

这类发现通常被称为“伪偶然”（pseudo-serendipity）：科学家知道自己在寻找什么，只是在预料之外的地方觅得了回答。作家亚瑟·凯斯特勒（Arthur Koestler）将其生动描述为“上错花轿嫁对郎”。极端一点讲，从这个视角看，偶然因素在事例中占据的重要性便无足轻重了。比如说，发明家托马斯·爱迪生（Thomas Edison）试验了数百种材料，才找到了适合作为灯芯的材料。制药公司如今会从成百上千种物质中系统地搜寻，以找到新的药物。戈尔曼将其称为“爱迪生式物质网罗法”（Edisonian materials dragnet）。他认为，这种方法带来的发现应算作是辛勤工作的结果，而非运气。

与之相反，真正的偶然发现出现在研究者遇到完全意料之外的事物之时，例如微波加热或蔗糖素的发现。在这类事例中，运气的成分就要明显得多；然而其中仍需要足够警惕的观察者发现异常之处，并且不把它当作是误差，进一步挖掘以获得有用的结果。

不过，有些例子看起来模棱两可。比如，化学工业的巨头3M公司里，科学家们试图制造一种黏性极强的胶剂，结果却反而得到了一种黏性很弱的物质。数年后，一名职工发现它正好可以用于把页签（palce-markers）粘在他的赞美诗集上——这催生了便利贴（Post-It Notes）的问世。

事实上，纵观人类的发明史，这类意外相当常见。当戈登堡研究历史上200件最重要发明的起源时，他发现在约一半的事例中，因与果的顺序是相反的：一件事物的诞生往往先于人们发现它的作用。“人们先造出一样东西，然后才去探索这东西究竟有什么用。”他说。这就使得最终的发现并不完全是意外——它更像是拿起一副手牌，然后思考怎样打胜算最大。

“寻找既存事物的功能比盲目猜测更容易，”戈登堡说，“当存在一个既定形式时，人们往往更具创造力。”他举出凡士林的例子：它是炼油过程中得到的黑乎乎的淤泥。只有当化学家们试图寻找它的用处时，才发现经提纯后的这种冻胶状物质可以用于辅助治疗烧伤。

运气的确可以促进某些技术取得突破，但它对科学发现的更广泛影响尚不明了。有道是无巧不成书，然而这些书总共也只有那么几本。目前尚没有人对科学发现进行系统全面的调查，以确定运气在其中究竟占了多少比重。

当然，这种调查几乎不可能准确进行——加州大学戴维斯分校（University of California at Davis）的心理学家迪恩·基斯·西蒙顿（Dean Keith Simonton）这样说。他研究的主要内容是创造力。科学论文中基本不会提及作者是如何得到灵感的，这使人们很难从中得知运气的确切作用。另外，运气可能与努力紧密结合在一起，造成人们难以区分二者并确定各自的相对贡献。“就算牛顿真的被苹果砸到过，我们又该如何判断《原理》[1]一书中有多少内容要归功于那颗苹果呢？”

或许，量化科学中的巧合最直接的尝试发生于二十年前: 西班牙阿尔卡拉大学(University of Alcalá)的胡安·米格尔·坎帕纳里奥（Juan Miguel Campanario）调查了 20 世纪中被引用次数最高的 205 篇论文，发现其中有 17 篇（占总数的 8.3%）文章中提到了一些偶然发现对结果的贡献。不过这一比率很有可能被严重低估，因为并不是所有作者都愿意在论文中坦诚自己的研究成果来源于偶然。

即使我们无法确证偶然发现在科学中存在的普遍性，不过大多数人都认为它是个好事情——只要它能帮助人

① 指牛顿所著《自然哲学之数学原理》。——译者注

们得到更多原创性发现。“如果你研究的内容所需要的只是才智与勤奋，那么其他人很有可能已经做过了这个课题。”博伊登说，“所以，我们经常试着有意地引导一些意外发现。”

博伊登已经搭起了一个简陋的小屋，为幸运女神宣声造势。他在麻省理工学院开设了一门课程，教授如何培养意外发现。在课上，他要求学生们系统地梳理科学中某一领域的发展历史。“我想，我们现在已经对诱导意外发现有了足够了解，或许我们该把它传授给他人。”他说。

博伊登给出的在研究中创造偶然的第一步是：列出所有可能的想法。他称，这绝没有听上去那么傻。要点在于把无穷的可能性划分为选项，然后不停地细分下去。如果你在寻找一种利用光学观察大脑的崭新方法，你可以在大脑内部探测光子，或者等光子逃出大脑后从外部探测。如果你选择在大脑内部探测，你可以使用主动探测方法，或者是被动探测方法。这个过程可以一直进行下去。博伊登称其为“分支树”法，因为每一个选项都像是大树的一条枝干，最终像瓷砖一样覆盖整个“想法空间”。

这相当于把爱迪生的网罗法应用到不同的点子上。“你可以不停地细分下去，但不会漏掉任何一种可能性。分支的尽头就是你可以尝试的方法。”博伊登说。这就是意外发现露出水面的环节。

博伊登给出的第二条建议是集思广益。他自己率领的研究团队中有工程师、物理学家、神经学家、化学家、数学家等，涵盖各个领域。专业的多样性会增加某人在不同概念之间建立一条意外联系的几率。另外，同时研究若干件事比专注于某一件事要更好，因为前者会提高思维交叉的几率。这同样是爱迪生创造力的源泉。在一项针对爱迪生所有专利（共 1093 件）的研究中，西蒙顿发现，爱迪生同时研究的事物越多，他的专利产出也就越多。

一个更受争议的促进偶然发现——尤其是那些开创新的研究领域的发现——的方法是，直接寻找最聪明、最富创造力的思想者，并提供充足的资金支持以开展研究。

这正是一些传奇的研究中心（例如贝尔实验室）曾经使用的方法，如今谷歌的某些部门也在使用。例如，一些工程师被允许将 20% 的工作时间用于其他无关项目上。20 世纪 80 年代，石油公司 BP 同样资助了一个蓝天研究室（blue-skies research initiative），旨在寻找最杰出的科学家，并无条件地予以资助。“我在 BP 度过了自由的 13 年时光。”唐·布拉本（Don Braben）回忆说。他现在伦敦大学院副教务长办公室任职研究。“我们当时有 10000 个项目，我只选了其中的 37 个，”他说，“里面有 14 个项目取得了突破性进展。”

科林斯说，这仍然是资助机构需要吸取的教训。“制定一个鼓励意外性的政策不容易，”他说，“但限制它却很容易。”科林斯称，如今，各研究团队之间为了赢得研究基金展开激烈的竞争，通常只有10%的申请能够通过，这使得研究人员为了确保资金而将研究限制在自己能够完成的范围内。更激进的、更可能得到预期之外的收获的项目则因风险太高而无法获得资助。

本质上，现今的体系是一个自我满足的预言：人们不相信机遇，结果便是偶然的发现鲜少发生。不过，只要有一些启发式思维和一点点运气，这些都可以改变。

幸运女神的眷顾

19世纪，化学家威廉·珀金（William Perkin）试图使用煤焦油合成一种无色的抗疟疾药物——奎宁。结果，他却得到了一种色彩鲜艳的紫色化合物：世界上第一个合成有机染料。

发明家乔治·德梅斯特拉尔（Geroge de Mestral）在一次登山后，受到粘在裤子上的毛刺的启发，创造出了尼龙扣。

美国杜邦集团的一位化学家罗伊·普伦基特（Roy Plunkett）在研究一种新的氯氟烃冷却剂时，注意到它在容器内壁留下一层光滑的覆膜。这种材料后来被称为特氟龙，如今得到广泛应用。

20世纪30年代，贝尔实验室的一名工程师卡尔·詹斯基（Karl Jansky）正在研究跨大西洋无线电通讯的噪声，这时他发现信号中的静电噪声来自天空中某个固定的方位。这一发现开创了射电天文学。

巴尼特·罗森堡（Barnett Rosenberg）在20世纪60年代曾研究电对细菌的作用。他发现，某些细胞失去了分裂能力，后来证明这是一个铂电极生成的副产物导致的结果。现在我们知道，这个副产物名为顺氯氨铂（cisplatin），是一种最有效的抗癌药物。

3 玩味数字

——巧合中的奇怪数学

巧合究竟是什么？它能被量化吗？能被当作某种生物样品归类吗？它有不同程度吗？本章会讲述运气和偶然背后的科学与数学。不过它们绝不仅仅是干枯的数字——你将与暴力犯罪面对面，跟踪制药厂的试验，经历超新星的爆发，并与 Ω——宇宙中最不可捉摸的数字——邂逅。

世事难料

伊恩·斯图尔特

你是否擅长计算事件发生的概率？你是否能一眼辨认出隐藏在现象中的规律，或者只是接受命运的安排？所有的复杂性归根到底都是有关信息——以及拥有信息的人。

现在你知道了，人类的大脑擅于发现规律。这一能力为科学奠定了基石。当注意到了一种模式，我们便会试着使用数学语言将其描述出来，并借助数学工具来理解我们身边的世界。如果没能发现规律，我们也不会简单地忽略它，而是将其称为另一种我们倍为喜爱的东西：随机。

投掷一枚硬币，扔出一颗骰子，旋转轮盘赌中的转盘——在这一切动作中，我们都没能找到任何规律，于是我们称之为随机。到目前为止，我们在天气的变化、流行病的爆发和液体的湍流中也没能寻到特定的模式，我们也把它们叫作随机。实际上，“随机”（random）一词包含着若干种不同种类的事物，这些事物之间或许有某种内在关联，或者这只体现出了人类的又一个无知。

在百余年前，世上的一切看起来还是那么直截了当。一些自然现象牢牢地受物理定律掌控：星球的轨道、潮水的涨落。而另一些现象，例如冰雹落在地面上形成的模样，则非如此。阿道夫·凯特尔（Adolphe Quetelet）于1870年前后的一项发现首先在规律与随机之间横亘的墙壁上冲出一道裂痕：随机事件的发生呈现统计性规律。后期发现的混沌（chaos）——在确定规则的系统内形成的显然随机的现象——则彻底拆散了这堵墙壁。

直到目前，我们尚无法放弃将真实世界中发生的事件划分为确定或随机两种类型的尝试与讨论。天气的改变真的是随机的吗，还是说其中蕴藏着某种模式？骰子出现的数字真的是随机的吗，还是说实际上它早已用某种方式确定？物理学家将随机性作为量子力学（研究微小物体的科学）中根深蒂固的基础：他们认为，没有任何人能够预测一个放射性的原子何时会发生衰变。可如果这是真的，触发衰变的又是谁呢？原子是如何"知道"它该在什么时候衰变呢？为了回答这些问题，我们必须明确所讨论的随机现象到底是属于哪一种类——它是真实世界的一个明确特征吗，还是我们为了描述真实而编造出的某个东西？

我们先从简单的想法谈起。如果一个系统在下一刻的行为不依赖于之前发生的结果，我们便说这个系统是随机的。例如投掷一枚"正常的"（fair）硬币，即使连续投出六次正面向上，第七次正面向上的几率仍与前六次相同。与之相对，如果一个系统在下一刻的结果以某种可预测的方式依赖于过去发生的结果，我们便说这个系统是有序的。我们能够以数分之一秒的精度预测下一次日出的时间，每天早上都是如此。于是我们说，一枚硬币是随机的，而日出不是。

太阳升起的规律源自地球公转轨道的确定几何形状。投掷硬币的随机结果呈现的统计学规律则有些令人迷惑。实验表明，若投掷的次数足够多，正面向上和反面向上出现的次数一样多，表明这枚硬币是正常的。如果我们把某个事件在多次试验结果中所占的比例作为这个事件的概率，那么投掷硬币出现正面或出现反面的概率均为二分之一。实际上，概率并不是这样定义的，而是大数定律的学术性定义的一个推论。

大量投掷试验中，硬币正反两面出现概率的均等性，只是大量试验所反映出的纯粹统计学特性（见 “平均的定律”）。更深入的、答案更耐人寻味的问题是：硬币是如何“知道”应该让正反两面朝上的概率相等呢？若仔细对这个问题加以分析，我们得到的回答是：因为硬币根本不是一个随机系统。

我们可以把一枚硬币看作是一个薄薄的圆盘。如果这个圆盘以垂直向上的速度弹射，并且已知它的初速度和翻转的角速度，我们就能确切地计算出它在落回桌面之前将旋转多少周。若计入弹跳运动，公式会变得更复杂一些，但理论上它仍然是可以计算的。硬币的投掷是一个经典的力学系统，与行星一样受到重力的制约，遵循着相同的运动定律。行星的运转是可以预测的——那为什么硬币投掷的结果就不可以呢?

因为那只是理论上而言。实际上，你并不知道硬币抛出的速度，也不知道它旋转得有多快，而结果恰恰十分依赖于这两个初始条件。硬币被抛出的那一刻起，——忽略风、路过的猫以及其他一切无关因素——它的命运便已确定。但是，正因为你不知道它的初始抛射和旋转的速度，你便无从得知它的命运究竟如何,即使你算得比电脑还快。

骰子同样如此。你可以把它看成是一个弹跳的立方体，它的行为仍然是机械的，受到确定的运动学方程的支配。如果你能够足够准确地观测到它刚被扔出时的状况，并以足够快的速度计算方程,你是可以预测到最终结果的。轮盘赌的转盘也是同理，而且有人已经这样做过了：只不过预测的精度不是很高（大概能知道球会落入转盘的哪一区域内），但也足以在赌局中获胜。从赌场手中赢钱并不需要完美的结果。

所以，当阿尔伯特·爱因斯坦（Albert Einstein）质疑量子力学的随机性，拒绝相信上帝会掷骰子时，他犯了一个大错。他理应相信上帝的确会掷骰子。如是，他便可以继续思考那颗骰子位于何方，如何行动，量子“随机性”的真正来源又是哪里了。

然而，这个问题还有更深一层的含义。预测骰子点数的困难不只是因为我们忽略了它的初始状况，还因为这一过程本身就具有奇特的属性：它是混沌的。

混沌与随机是两码事。混沌源于我们测量精确度的限制，后者注定了我们无法给出准确的预测。在一个混沌的系统中，过去的结果会影响到之后的行为，只是它对观测上哪怕一丁点的误差都极为敏感。只要存在一点点的初始偏差，无论有多么小，它都会迅速增长，最终使预测的结果与实际背道而驰。

投掷硬币与此有着若干相似点：如果测量初始抛射和旋转速度的误差大到一定程度，我们便无法得到准确的预测结果。但硬币并不是真正的混沌，因为误差随着硬币在空中的旋转增加得相对缓慢。在真正的混沌系统中，误差是以指数形式增长的。当数学上呈现为完美立方体的骰子撞到平直的桌面时，其尖锐的棱角便引入了这一类指数型偏差。因此，骰子的随机性源于两个原因：人们对初始条件的忽略（和硬币一样），以及在确定的运动学方程中出现的混沌性。

到现在为止，我描述的一切都是基于描述实际物理系统的某个数学模型，而这个模型是人为选取的。那么，模型的选取会不会对随机性产生影响呢？

为了回答这个问题，让我们先回顾一下物理中第一个成功的随机模型：统计力学。该理论为热力学（描述气体的物理学）奠定了基础，后者从某种程度上是人类为了制造出效率更高的蒸汽机而诞生的。一个蒸汽机的工作效率会有多高？热力学给出了一个确凿无疑的上限。

在热力学的早期阶段，人们主要关心一些宏观尺度的变量，如体积、压强、温度和热量。这些变量由“气体定律”联系在一起。例如，玻意耳定律（Boyle’s law）表述为，在给定的温度下，一团气体的压强与其体积的乘积是恒定的。这是一个完全确定的定律：已知体积就能计算出压强，反之亦然。

然而人们很快发现，在原子尺度上，气体实际上是随机的：气体分子相互碰撞，其中毫无规律可言。路德维希·玻尔兹曼（Ludwig Boltzmann）首先发现了这些气体分子——被视为硬质球——是如何与气体定律（以及其他）相互关联的。在他的理论中，经典的变量（压强、体积、温度）是假定内在随机性的统计平均。这个假设是正确的吗？

正如硬币和骰子的本质是确定的，由大量小硬球组成的系统也是如此。它好比一个宇宙尺度的斯诺克，每一颗球都遵循相同的物理定律。如果你知道所有球的初始位置和初速度，它们后续的运动便是完全确定的。不过，玻尔兹曼没有试图追踪所有球的精确运动路径，而是假定它们的位置和速度符合统计规律，即不倾向于任何一个特定的方向。举例来说，压强是假定当容器内的分子球以相等的概率向所有方向运动时，它们撞在内壁上产生的力的平均度量。

统计力学将大量小球的确定运动以统计学的方式（如平均值）描述出来。换句话说，它使用一个微观尺度上的随机模型来反映宏观尺度的确定模型。这样做合理吗?

是的，这是合理的——只不过当时玻尔兹曼本人尚未意识到这一点。他断言：球的运动是混乱的；并且这种混乱不同于其他，而能够给出一个确定的平均状态。他的这两句论断在日后成长为一个崭新的数学分支：遍历理论（ergodic theory），该理论证实了玻尔兹曼当年的假设。

其中展现出的视角的转变十分耐人寻味。最初确定的模型（气体定律）由随机的模型（小球）代替，后者中的随机性则以数学的方式被正名为确定动力学的推论。

那么，气体究竟是不是真正随机的呢？这取决于你怎么看。某些特征最好用统计学模型描述，另一些则更适用于确定性模型，这要看所讨论的问题是什么。没有固定的答案。这种情况十分普遍。有的时候——比如计算宇宙飞船外部的气流——我们可以把流体看作是连续介质，遵循确定的定律；而有的时候——比如研究布朗运动（在原子碰撞下不规则地运动的大分子）——我们必须考虑流体中的每一个原子，使用玻尔兹曼的统计学模型。

于是，我们手里有了两套数学模型，二者在数学上相互关联。它们都不是现实，但都能令人满意地描述现实。而现实究竟是否随机这一问题也变得毫无意义：随机性是我们描述系统的方式中内在的数学特征，而不是系统本身的特征。

那么，就没有真正随机的东西了吗？除非能够理解量子世界的根源，否则我们无法给出确定的回答。在通常的表述中，量子力学认为，从亚原子层面上看，宇宙是真正随机的，我们对此毫无办法。这不同于热力学随机模型中的小硬球，后者的随机性源于我们无法追踪所有球的运动状态，只能使用统计学特性刻画整体的性质。在微观尺度下，不存在只用寥寥数个可观测变量便可以刻画整个系统的模型。那些所谓的“隐变量”——确定但混沌的、掌控着量子骰子掷出点数的行为——根本不存在。量子的东西都是随机的。——真的如此吗？

历史上的确曾存在对此定论的数学争论。1964 年，约翰·贝尔（John Bell）想出了一个办法，来验证量子力学究竟是随机的、还是受控于某种隐变量——即某种我们暂时不知道该如何观测的量子特性。贝尔的想法围绕一对微观粒子，例如电子，让二者相互作用后，把它们分开相当远的距离。对这两个相隔甚远的粒子进行一系列特定的测量，我们就应该能知道它们的特性究竟是由随机性确定的，还是受控于隐变量。问题的回答至关重要：它将揭示在过去发生相互作用的量子系统是否能够互相影响到对方未来的特性——即使它们分隔在宇宙的两端。

至少大多数物理学家认为，基于贝尔的理论进行的实验证明，在量子系统中，随机性——以及诡异的“超距作用”——决定了一切。实际上，它对随机性在量子理论中起到的根本作用阐述得极为清楚明确，以至于人们不再对其表示进一步的质疑。这实际上有些遗憾，因为贝尔的工作虽然十分出色，但其理论却并没有人们想象的那般令人豁然开朗。

问题十分复杂，但一个基本的要点是，数学理论中暗含假设。虽然贝尔阐明了主要的假设，但定理的证明过程同样包含着若干不那么明显的假定，而这些假定却不是所有人都能接受的。贝尔的实验同样有几处漏洞，这些漏洞主要是技术层面的（例如探测器的效率、实验误差等），但它们仍然可以归结到逻辑层面：例如，实验假定人类进行实验时可以自由选择参数。然而，虽然听起来不太可能，但仍然有一丝细微的可能性：存在一股外力，能够协同并控制实验的方方面面——甚至实验者本人。

于是，尽管上述实验分量极重，量子不确定性仍然可能存在一个确定论的解释。恶魔总是藏身于细节中。这一理论或许极难甚至不可能被检验，但在某个人提出来之前，我们永远不会知道。它或许不会从根本上改变量子力学，就像硬质小球没有对热力学产生太大影响一样，但它会带给我们一个全新的视角，来审视许多离奇的问题。它或许还可能将量子力学重新归入其他科学的统计模型中：从一方面来看是随机的，但从另一方面来看又是确定的。

不过，除了量子力学，我们可以相当自信地说：世上根本不存在什么随机性。所有看上去随机的现象都只是源于我们认识世界的局限性，而非因为大自然本身就是不可预测的。这个看法并不是新鲜事物。亚历山大·蒲柏（Alexander Pope）在他的著作《论人》（*An Essay on Man*）中写道："整个自然都是艺术，不过你不领悟；一切偶然都是规定，只是你没看清；一切不协调，都是你不理解的和谐；一切局部的祸，乃是全体的福。"[①] 除了最后有关善与恶的一句，其他内容如今已由数学给出了无可辩驳的证明。

平均的定律

我曾经用一枚普通的硬币连续掷出 17 次正面朝上，这个事件发生的概率只有 1/131072。你或许会想，既然出现这么多次正面了，是不是也该出现反面了？或许下一次的结果更有可能是反面吧？

---

① 引自《英国诗史》，王佐良译。亚历山大·蒲柏（1688.5.22~ 1744.5.30），被誉为 18 世纪英国最伟大的诗人，著有《批评论》《夺发记》《愚人志》等诗篇；并将古希腊史诗《伊利亚特》与《奥德赛》译为英文。艾萨克·牛顿（Issac Newton）的墓志铭即由蒲柏所写。——译者注

不对。下一次掷出正面的可能性与掷出反面的可能性仍然相等，以后每一次投掷的结果也都是如此。长期来看，接下来的投掷结果很有可能是正面和反面各占一半。那么如果再扔 200 万次的话，我们期望会出现 100 万次正面和 100 万次反面。

虽然 17 与 0 相去较远，但 1000017 和 1000000 似乎差别不大：二者之比为 1.000017，十分接近 1。比起说反面朝上的次数会追上正面的，应该是后续的结果掩盖了初始的。投掷的次数越多，初始的差异就越不重要。

这与英国彩票中号码的出现频率紧密相关。在某一段时间，13 出现的次数较少，表示 13 这个数字不幸运。于是有些人认为在接下来的一段时间里，13 会出现得更频繁；还有些人则认为 13 仍然会是不幸运的。数学中的概率论——在数不胜数的试验结果支持下——指出这两种观点都是错误的。在未来，所有号码出现的概率仍然是均等的。摇号机可不会“知道”球上写的是什么号码：它只管摇号，摇出什么就是什么。

矛盾的是，这并不意味着所有号码出现的次数会完全相同。事实上，后者几乎不可能出现。实际上，我们会看到频率围绕理论上的平均值上下浮动，从而选出赢家和输家。数学甚至可以预测这些涨落的幅度和出现的概率。它唯一办不到的，是预测究竟哪些号码能赢得大奖——因为所有号码当选的概率都是相等的。

它会发生吗?

罗伯特·马修斯

关于随机的表述尽管抽象，但似乎也无不妥。然而，生活中事件的发生却受到种种限制。当随机与真实世界相遇，碰撞出陌生却奇妙的数学推论，竟与自然现象发生内在的共鸣。随机仿佛迷失了自己。

生活中，当遇到一些猝不及防的惊天巧合时，人们通常会说“活见鬼了”。但我们都知道，所谓随机，是无规则、无序的本质。显然，发生的巧合或许根本不值得大惊小怪。

看上去好像没什么问题，但这是错的。若深入随机的迷雾中仔细观察，你就会瞥见宇宙深处自然形成的规律和普适法则。为什么？因为我们所说的随机性只是一系列真实事物相互连接、制约而形成的链条。在特定条件——我们所生活的世界——的限制下，随机性只能显露出十分有限的、臭名昭著的数学无规律性。这个效果通常十分微妙，但只要你知道关注哪里，就会觉得它稀疏平常，或者惊如天雷。

以彩票号码为例。看一眼上周的中奖号码，它平淡无奇，只是几个随机的数字而已。但如果仔细寻找，你就会注意到一些细微的有序性：出现了两个相邻的号码；出现了好几个质数；如此等等。

但没有人会因此质疑或修改彩票的规则。实际上，抽奖系统已经过统计学测试，以防止此类现象过于频繁出现。那么，真相是什么呢？我们所看到的，是随机性的报复，是它身陷桎梏下展开的反击。真正随机的数字是没有大小限制的，然而彩票号码却没那么自由——最小是 1，最大是 49。当随机性被束缚在这狭小的范围内，只能输出有限个结果时，它就会丧失原本的无序性和不可预测性。相对地，它必然会遵从概率论的法则，而后者正是用于在有限的世界内描述无限的随机性的理论。

对于只有 49 颗球的彩票来说，概率论证明了，大约在一半的号码组合中会出现某些显然不规则的排列。当随机性只能使用有限个数字展示其固有的惊喜时，我们不应期待太多。

随便在哪个国家的某一年足球赛季找一个周末——比如 2004 年的英格兰足球超级联赛赛季的 8 月 14 日和 15 日。在这两天里，有二十支球队两两比赛，共进行十场，其中有五场比赛里，出场球员中有两人的生日是同一天。惊奇吗？一点都不。实际上，概率论告诉我们，当随机性受限于一年 365 天、一场比赛 22 人时，每场比赛至少有两名队员的生日相同的概率约是 50%。换句话说，在总共十场比赛的近半数中，会有至少两名队员的生日是同一天。实际情况恰恰如此。

概率论还告诉人们，参赛的共230名球员中，至少有一人的生日是在比赛当天的可能性同样为50%。实际上，在比赛日庆祝自己生日的有两人：博尔顿俱乐部（Bolton Wanderes）的杰－杰·奥科查（Jay-Jay Okocha）①，以及托特纳姆热刺队（Tottenham Hotspur）的约翰尼·杰克逊（Johnnie Jackson）②。

若进一步对随机性加以观察，我们就会发现更多精妙的细节，展现出它对束缚的厌恶和挣扎。大约一个世纪以前，统计学家拉迪斯劳斯·波奇维兹（Ladislaus Bortkiewicz）对普鲁士军队士兵的死亡进行了研究，发现了随机性与一个著名数学常数e之间诡异的联系。e是一个无限不循环小数，等于2.718281……，当某个过程的变化率依赖于系统当下的状态（例如人口增长率或放射性衰变）时，它经常会出现在其中。

波奇维兹的数据显示，这个自然常数同样潜藏于随机事件中，例如被马踢死的概率。报告显示，普鲁士军队的士兵们都面临轻微但有限的、被马踢死的风险，这个意外发生的概率平均是每1.64年一次。波奇维兹发现，总共

---

① 1973年8月14日出生，在2002~2006年效力博尔顿，担任中场。——译者注

② 1982年8月15日出生，在1999~2006年效力热刺队，担任中场。——译者注

200 份报告中，有 109 份没有提及任何死亡。用 200 除以 109，再求结果的 1.64 次幂，1.64 是每两次被马踢死的意外发生的时间间隔。最终得数是 2.71——与 e 仅相差不到 1%。

这是巧合吗？绝对不是。在数学上，它属于泊松分布。概率论告诉我们，当许多随机发生的事件分布在一个有限的时间区间内时，e 就会出现。把时间区间换成空间区间，结果同样如此：观察第二次世界大战中伦敦南部被 V-1 导弹击中的地点分布，你同样能发现 e 的身影。战时，伦敦南部被导弹袭击数百次，但导弹恰巧落在首都的某个特定地点的可能性很低。使用与统计被马踢死的概率相同的方法分析，你就会得到 2.69 这个结果——仍然与 e 的真实值相差不到 1%。

两个国家之间发生战争的概率，以及许许多多其他人类活动时间，都遵循相同的规律。每一次单独的事件发生的可能性或许很低，但它们发生的机会却不少，而随机性正是通过让 e 悄悄潜入数据中来彰显自身的存在。

只要乔装得当，随机性还能以大概是最著名的自然常数的模样出现。随意地将一根针扔在木制地板上，针与两条木板之间的隙线相交的次数与针的长度及木板有关，还有…… π 。这是因为针落在地板上时，它与隙线的交角大小是随机的。经过数万次试验，你就能根据结果计算出相当精确的 π 的值。

我们几乎可以从任何随机现象中找出 π 的狐狸尾巴。随便找出一些整数，然后数其中有多少对是互质的。将这些数字在全体中所占的比例乘以 6 再开方。数学定律告诉我们，随着样本数量的增大，上述计算的结果会越来越接近于 π。

你甚至可以在夜空中的星星里寻找：你只要计算任两颗星星在天球上的角距离，然后两两相较。用夜空中最亮的 100 颗星星进行比较，然后使用刚才的公约数方法计算，你就会得到 π 的弧度值：3.12772——与真实值相差不到 0.5%。

人类似乎尤其喜欢在随机中寻觅规律，从云朵图案中看到宗教数字，或是在火星表面找出人脸。其中大多数的确只是幻影而已，但有时，随机性的确可以带给我们惊喜。我们需要做的，只是从万事万物中发现秩序的线索。

粗糙的正义

安吉拉·萨伊尼

如果你想要理解某个事件发生的概率——例如，在犯罪现场提取的DNA与被告的DNA吻合——你需要有良好的统计学基础。然而近些年来，“良好的基础”这一概念已经发生了相当大的变化。对于许多人来说，传统的统计学需要加以改进，其中的缘由却要追溯至18世纪提出的一个呼吁。

跛脚侦探科伦坡（Columbo）[①]总是能抓到罪犯。例如，这部热门成人美剧在1974年的季度中，有一集讲述了关于一名社会摄影师的案件。他杀死了妻子，并谎称她被人绑架了。这是一场完美犯罪——直到狡猾的侦探设计了一场骗局，让凶手露出马脚。科伦坡引诱凶手从架子上的12台相机中取出一台递给他——恰是在摄影师杀死妻子之前给她拍了照的那一台。“你刚刚相当于认罪了，先生。”目睹了这一切的警官说道。

然而事情却远没有这么简单。不论是不是凶手，从12台相机里取出拍了照片的那台的概率只有1/12。这样

① 《神探科伦坡》（*Columbo*）为美国的侦探电视剧，1971年首播，至2003年完结，共13季。——译者注

的证据在法庭上是站不住脚的——还是说并非如此呢？

这类概率难点不只发生在犯罪小说中。“统计误差发生得相当频繁。”英国索尔福德大学（the University of Salford）的数学家雷·希尔（Ray Hill）说。他已为数个著名的案件提供了证据。“我总是能在陈述的证据中找到不引人注目的例子。”

造成这个问题的根本原因在于分析数据时的粗心大意，这会导致正义得不到伸张，甚至让无辜的人坐牢。随着有越来越多的案件依赖于诸如DNA匹配等数据的“确定性”，这个问题的严重性愈发凸显。一些数学家呼吁法庭进行短期培训，以在面对证据时能够辨识它真正的充分性：他们要求庭审人员掌握贝叶斯算法（Bayesian）。

这个呼吁源于托马斯·贝叶斯（Thomas Bayes）的工作。贝叶斯是18世纪英国的一位数学家，他提出了计算条件概率——在某件事情为真的前提下另一件事情也为真——的方法。这正是法庭面临的问题：通过筛选后的证据，如何判定被告有罪或无罪（见“法庭上的贝叶斯”）。

数学似乎是判决的得力助手。然而，法官和陪审团仍然过度倾向于相信自己的直觉。一个著名的例子是1996年的一桩强奸案，被告名叫丹尼斯·约翰·亚当斯（Dennis John Adams）。在辨认指证时，他没有被指为凶手，他的女友也为他提供了不在场证明。然而他的DNA却与在现场采集到的精液中的DNA相符——这个可能性只有两亿分之一的事情偏偏被他赶上了。这个证据对他极为不利，恐怕任何一个陪审团都会认为他有罪。

但，我们面临的问题是，这个数字究竟意味着什么。法庭和媒体通常会将其解读为，它表示现场的精液不属于亚当斯的可能性为两亿分之一，并依此认定他的辩解不可信。然而事实并非如此：我们稍后就会讲到，它实际上表示一个随机采取的 DNA 与犯罪现场中精液的 DNA 相匹配的概率为两亿分之一。

二者的差别很细微，其后果却是显著的。假如说有一万人可能实施了这场犯罪，那么在这些嫌疑人中有另外一个人的 DNA 与证据相匹配的概率便是两亿分之一万，即两万分之一。这个数字虽然看起来仍然很不利，但已不足以让他被认定为是罪犯了。

亚当斯的辩护团队担心陪审团会误解这个概率，于是他们请来了牛津大学的一位统计学家彼得·唐奈利（Peter Donnelly）。“我们设计了一个问卷，使用贝叶斯推理法（Bayesian reasoning）帮助整合所有的证据。”唐奈利说。

然而，辩护团队未能说服陪审团相信贝叶斯推理法的价值，亚当斯最终被判有罪。他提起两次上诉，却均遭驳回，上诉法院的法官将陪审团的工作规定为“借助陪审员们的共识构成的判据评定证据……而非使用数学公式”。

但，如果共识与正义各执一词，又该怎么办？英国兰卡斯特大学（Lancaster University）的数学家戴维·卢西

（David Lucy）认为，亚当斯一案反映出目前的文化传统亟需改变。“在某些案件中，统计分析是评定证据的唯一方法，因为直觉会导致基于谬误的判决。”他说。

诺曼·芬顿（Norman Fenton）是伦敦玛丽皇后大学的一位计算机科学家，他曾参与数场犯罪案件庭审的辩护工作。对于上述问题，他给出了一个可行的解决方案。他与同事马丁·尼尔（Martin Neil）开发了一套系统，借助图文并茂、步骤清晰的决策树，帮助陪审员理解贝叶斯推理法。两人称，陪审团一旦理解了这个方法是奏效的，就应该允许专家使用贝叶斯理论来处理案件。这个系统相当于一个“黑箱”，只要把证据输入进去，它就能给出每一件证据将如何影响被告人有罪的可能性。“既然我们不会质疑一个电子计算器是如何执行每一步运算的，那还需要陪审团做什么呢？”

这个建议极具争议。仅从逻辑结果上来看，它相当于把一桩案件的判决交给一次计算来衡量。使用贝叶斯推理法处理 DNA 和血液等证据的定罪概率是很有效的，但我们很难量化诸如表现和行为等同样可能凸显罪行的证据。“每一位陪审员都会对证据的每一处细节存在不同的看法。这不是数学家能够胜任的工作。”唐奈利说。

他认为，鉴证专家应掌握统计学，这样才能让他们在犯错之前认识到问题。实际上，自从亚当斯的案件审判以来，美国和英国已经开始让它们的鉴证专家接受培训了。

然而，律师和陪审员们对统计学的了解仍几乎为零，即使有，也微不足道。

下面讲述的五个真实的误判案例可以清楚地表明，我们永远不应骄傲自满。唐奈利认为，这些来自卷宗的例子证明了，对统计分析的重新审视，其意义不仅仅在于数学家试图改变自己看待世界的方法。“只有当每一个人都能用正确的理论处理不确定性，正义才能得到伸张。”

公诉人之过

“公诉人很容易犯错。”位于英格兰肯特郡的最高法医鉴证机构（Principal Forensic Services）的伊恩·埃维特（Ian Evett）告诉人们。这个错误涉及贝叶斯理论中两个略有差别的概率：一个是P（H | E），表示当证据符合时一个人仍然无辜的概率；另一个是P（E | H），表示当一个人确定无辜时证据仍与其相符的概率。我们想知道的是前者，然而鉴证科学告诉我们的通常是后者。

不幸的是，有时就连专家也会把二者搞混。例如，在1991年的一桩强奸案中，来自英国曼彻斯特的安德鲁·迪恩（Andrew Deen）站在被告席上。一位专家证人同意根据一段DNA样本判定被告有罪，他的陈词是“（精子源于）任何其他人的可能性（是）300万分之一”。

这是错误的。300万分之一是任何一个无辜百姓的DNA与从犯罪现场提取的精液的DNA相匹配的概率，

换句话说就是P（E | H）。英国总人口数约为6000万，照此计算，全英国与证据DNA相匹配的人大约有二十余名。若考察这些匹配的人中有多少人可能犯罪，迪恩没有犯罪的概率，即P（H | E），显然要比300万分之一要大得多。

迪恩提起了上诉，并最终消除了自己的罪名。这让一些人看到了希望，也提起了上诉，其中部分人重获清白。它也同样导致了一些令人惊愕的发现，例如2008年一名加利福尼亚人锒铛入狱，因为警方发现他的DNA与在35年前的一件强奸案和一件谋杀案中提取的DNA相吻合。

最终争议之过

迪恩一案中，原告没有因概率问题的错误而提出和解，而是停止了上诉。然而对于陪审团来说，问题则演变为“最终争议”的错误：将极小的P（E | H）数值直接当作是嫌犯清白的可能性。

在1968年洛杉矶的一场审判中，最终争议的错误把马尔科姆·科林斯（Malcolm Collins）与他的妻子一同送入监狱。乍一看去，情况似乎再清楚不过：一位年迈的妇人被一个金发白人女性和一个长有胡须的黑人男子抢劫，男女乘坐一辆黄色车辆逃离。一名专家计算后认为，找到另一对符合描述的黑白夫妇的概率为1200万分之一。

警方相信了这个结果，陪审团也没有多想，对此表示赞同。他们认为，被告夫妇不是犯人的概率为 1200 万分之一——他们是清白的概率为 1200 万分之一。

这两种想法都是错的。在像洛杉矶一般庞大的城市中，生活或流动着数百万不同种族的人，应该是很容易再找到一对符合被害人描述的男女，也即意味着科林斯夫妇极有可能是无辜的。何况，被害人给出的描述本身就有可能不甚准确。被告提出了上诉，二审推翻了一审的判决，认定二人无罪。

忽略基本比率之过

任何一个试图借助 DNA 资料快速审判的人都会发现，基因证据并不十分可靠。即使说找到另一个匹配的基因的可能性是十亿分之一，考虑到全世界有七十亿人口，我们还是可以在地球上找到七个与之匹配的人。

幸运的是，间接证据和法理证据总是可以快速缩小嫌疑范围。然而，若是忽略“基本比率”（base rate）——可能相符的范围——你就会得到错误的结论，进而做出不公的判决。

假设你在医生的办公室里。经测试，你被确诊为一个不治之症，这种病症的患病率为万分之一。这个测试的准确率为 99%。你真正患上这个病的可能性到底有多大？

实际上，几率不足1%。原因是这种疾病极为罕见，意味着即使测试的准确率为99%，得到误诊的可能性仍然远远高于真正患病的几率（见插图）。正因如此，接受进一步测试来确诊至关重要。实际上，并非只有一般人会受困于这种违反直觉的结果：调查显示，有85%~90%的健康专家也会犯同样的错误。

不要慌

你刚刚被确诊患上了一个患病率仅有万分之一的罕见疾病。测试的准确度是99%。你该感到绝望，还是希望尚存呢？

■ 真正患病 ■ 误诊患病

平均每一万人中会有一名患者。这名患者当然会被诊断为患病。

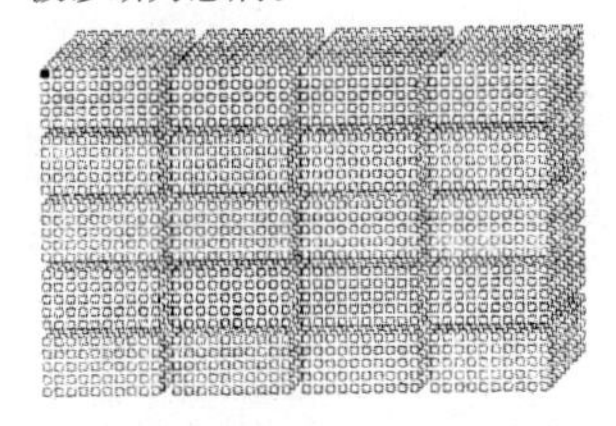

如果测试的准确度是99%，剩下1%的健康人也会被诊断为患病。

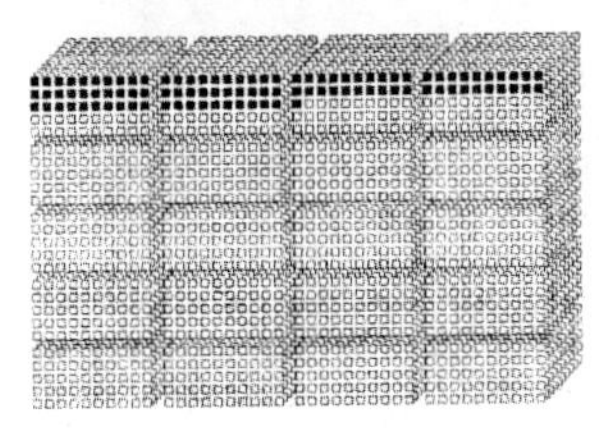

所以，如果你的测试结果为真，在其他条件相同的情况下，你有超过99%的可能性没有患病——希望尚存。

被告之过

能够在法庭上借助统计骗局占据有利形势的并非只有原告。被告的辩护律师同样会选择对自己有利的概率和证据。

1995年，美国前任橄榄球明星O.J.辛普森（O.J.Simpson）被指控涉嫌谋杀了他的前妻妮科尔·布朗（Nicole Brown）及其好友。数年前，辛普森在被指控对布朗实施家庭暴力的庭审中放弃辩护。为了降低这一前科对本次审判的影响，辛普森的辩护团队中的一名顾问阿兰·德肖维茨（Alan Dershowitz）称，只有不足千分之一的女性会在遭到丈夫或男友虐待后最终被后者谋杀。

这听上去不像是假的，但它与案件并没有实质性关联。坦普尔大学（Temple University，位于宾夕法尼亚州费城）的一名数学家约翰·艾伦·保罗斯（John Allen Paulos）于稍晚时候指出了这一点。若将所有相关事实均考虑在内，通过贝叶斯推理法计算可知，如果女性遭受虐待并最终被谋杀，其配偶为罪犯的可能性为80%。

不过，加利福尼亚大学欧文分校（University of California，Irvine）的犯罪学家威廉·汤普森（William Thompson）说，这可能仍不正确。如果超过80%的被谋杀的女性（不论是否遭到虐待）都是被其配偶杀害，“生前有没有受过虐待可能不会对结果产生影响”。

被告证据之过

有时，数学逻辑会在贝叶斯推理法得到应用之前便已从法庭中消失不见：因为概率论的应用出现了错误。

让我们来看一下被告提交的证据中存在的问题，它在英国一个案件的不公正判决中起到了核心作用。1999年12月，萨莉·克拉克（Sally Clark）被指控闷死了她的两个睡梦中的孩子。一位儿科医师罗伊·梅多（Roy Meadow）在出庭作证，称两名婴儿同时因婴儿猝死综合征（sudden infant death syndrome，SIDS）自然死亡的概率为7300万分之一。由于一名婴儿在类似克拉克的家庭里因SIDS自然死亡的概率为1/8500，两名婴儿死亡的概率就是它的平方——换句话说，梅多将两名婴儿的死亡看作互相独立的事件。

但，二者真的是互相独立的吗？“可能会有其他因素，例如基因或环境因素，会影响家庭中SIDS的发病率，导致两个婴儿同时死亡的概率大大提升。”在一次上诉中，皇家统计学院如此解释。

“即便是三名优秀的法官，都未能发现其中的错误。”参与了辩护的雷·希尔说。他估计，如果有一名婴儿死于SIDS，另一名婴儿因同样原因死亡的概率可达1/60。根据贝叶斯推理法可得知，两名婴儿同时猝死的概率大约是1/130000。考虑到英国每年有数十万婴儿降生，出现一两例同时猝死的事件应该不算稀奇。

克拉克最终于 2003 年被判决无罪。她的案件产生了广泛的影响，导致许多类似的旧案得到重审。“我不记得近几年来有任何多名婴儿同时猝死的案件出现在法庭上。”希尔说。而克拉克本人则未能从痛苦的经历中恢复过来，她于 2007 年被发现在家中身亡，成为统计过失的又一名不幸的受害者。

法庭上的贝叶斯

你能成为一名懂得贝叶斯推理法的陪审员吗？这个方法并不算直接易懂，从下面的例子可窥见一二。假设你面对一件取自犯罪现场的证物 E——可能是一块血渍，或是一片碎布——它与犯罪嫌疑人相符。它将如何影响你对嫌犯清白的假设 H 呢？

贝叶斯理论会告诉你应该如何计算在已知 E 时的 H。方法如下：用（H 为真的概率）乘以（当 H 为真时 E 为真的概率）除以（E 为真的概率）。或者，用标准的数学公式可以写成：

$$P(H \mid E)=P(H)\times P(E \mid H)/P(E)$$

假设你是一场谋杀案审判里的陪审员，目前你认为被告是无辜的概率为 60%，即 P（H）=0.6。然后你得知，被告的血型和残留在犯罪现场的血液的血型都是B型，而且B型血的人约占全体人类的10%。这个证据将如何影响你的判断？被告是更加无辜呢，还是更可能有罪？

鉴证科专家告诉你的，是任何一名无辜的人的血型与证据相符的可能性，即 $P(E \mid H)=0.1$。为了使用贝叶斯公式计算 $P(H \mid E)$——你对被告是无辜的可能性的评估——你需要知道 $P(E)$ 的值，即犯罪现场的血液的确来自被告的可能性。

这个概率实际上依赖于被告有罪与否。如果被告是清白的，它等于0.1，和所有其他人一样。然而，若被告确实有罪，它便等于1，因为二者的确是相符的。通过上述分析可知，我们将两个概率（被告清白或无辜时他的血液与现场的血液相符）相加，就能得到 $P(E)$ 的值：

$$P(E)=[P(E \mid H)\times P(H)]+[P(E \mid 非H)\times P(非H)]=(0.1\times 0.6)+(1\times 0.4)=0.46$$

于是，使用贝叶斯公式，被告无辜的可能性为：

$$P(H \mid E)=(0.6\times 0.1)\div 0.46=0.13$$

正如我们预想的那般，被告是无辜的可能性大大降低了，比你最初估计的（可能）要有罪大约四到五倍。

概率和平谈判

蕾吉娜·努佐

既然我们需要重新审视来自18世纪的统计学意见，它有多大可能成为你最喜欢的猜测概率的方法？这取决于我们能否将两个截然不同的世界融合在一起。

让我们先来看看T恤上的一句标语：“统计学就是永远不说‘确定’二字”。统计学的谋生之道便是从有限的事实中得出结论。全英国有多少人支持大麻合法化？你不可能问到每一个人。夏季气温的升高是自然的波动，还是一种趋势？你也不可能穿越到未来一看究竟。

这类问题的回答总是伴随着某种不确定性。然而，孤零零的一个数字却经常掩盖着两类不确定性之间核心的区别：一种是我们不了解的事情，另一种是我们无法了解的事情。

无法了解的不确定性源于真实世界中发生的一类过程，这些过程的结果在任何人看来都是随机的：骰子掷出的点数，转盘停止时的位置，一个放射性的原子何时衰变。这是“频度式”（frequentist）概率的世界，因为只要扔足够多次骰子，观察足够多原子的衰变，你总能知道每件事情发生的相对频率的合理估计，并由此得到它们的概率。

不了解的不确定性则更狡猾一些。其中的关键角色是个体的无知，而非自然的随机性。怀孕母亲腹中的孩子是男是女？婴儿的性别早已确定，所以没有巧合一说——但你不知道，所以无法确定。如果你在一场球赛的中途参加赌局，你或许会猜测：究竟哪一方会赢？这同样不是完全随机的结果。若仔细分析开赛以来双方的表现，你将会比一直闭目养神的人对结果有更确切的把握。这里，便是贝叶斯统计学的世界。

频度式概率和贝叶斯概率之间的区别就在于如何处理这两类不同的不确定性。一个严格的频度式概率中不会出现未知的不确定性，或者任何无法从重复试验、随机数产生器或随机人口样本调查等中得到的概率测量结果。而贝叶斯概率则不动声色地使用着其他“先决条件”——例如，全员选举的前几轮投票展现出的某种模式——来填补空缺。“贝叶斯概率经常会基于对现实的陈述计算可能性，而频度式则不同。”英国谢菲尔德大学（University of Sheffield）的统计学家托尼·奥哈甘（Tony O'Hagan）这样说。他主要研究贝叶斯推理法。“在贝叶斯推理法中，我们试图通过考虑所有相关的证据来计算结果，即使有些证据对结果的影响依赖于某种主观的判断。”

在 18 世纪末到 19 世纪初，贝叶斯推理法帮助解决了一系列疑难问题，从估计木星的质量到计算全世界新生儿的男女比例。然而，随着大数据时代渐显曙光，它逐渐淡出了人们的视野。从改进的天文观测到最新发布的死亡率、患病率和犯罪率的统计图表，一切似乎在暗示着客观事实触手可及。相较之下，贝叶斯推理法不可避免地显得过时且不甚科学。频度式概率则因对随机试验得出的客观数字的注重而迅速变得流行起来。

20 世纪早期问世的量子理论使用频度式概率的语言重新给出了现实的定义，进一步刺激了频度式概率的发展。统计学中的两种理论渐行渐远，各派的支持者相拥成团，只在各自的期刊上发表文章，只参加各自的学术会议，甚至在大学中也单独设立各自的部门。情绪很容易失控。作者莎伦·伯奇·麦格雷因（Sharon Bertsch McGrayne）回忆称，当她为了撰写有关贝叶斯理论史的《永不消逝的理论》（*The Theory That Would Not Die*）时，有一个支持频度式概率的统计学家给她打来电话，厉声批判她试图为贝叶斯理论正名的努力。结果，贝叶斯学派形成了一种迫害症结。卡耐基梅隆大学（Carnegie Mellon）的罗伯特·卡斯（Robert Kass）说：“某些贝叶斯学派的人变得十分自以为是，陷入了宗教一般的狂热。”

实际上，两种理论都有着各自的优缺点。当数据不足且很难有机会重复试验时，贝叶斯推理法可以最大限度地利用数据，得出有效的结论。以天体物理学为例，1987 年在银河系附近的大麦哲伦星云中发生的一次超新星爆炸提供了检测关于此类事件里中微子通量的一个长期存在的理论的一次机会，然而探测器只捕捉到这些狡猾的粒子中的 24 个。由于缺乏足够的数据，频度式理论无法使用。但灵活且善于利用数据的贝叶斯推理法却提供了检验其他理论的优劣的理想途径。

坚实的理论提供了开展分析所需要的恰当先决条件。若没有这些先决条件，贝叶斯分析方法很有可能无法给出有用的结果。这是法庭对使用贝叶斯方法持谨慎态度的原因之一，即使这显然是整合来源众多的繁杂证据的理想方法。在 1993 年新泽西的一桩判定父亲身份的案件中，法庭认为陪审员应以各自的思量判断被告是孩子生父的可能性，然而这样做会给每一名陪审员对于被告有罪与否的不同最终统计估计。“贝叶斯推理法的结果没有对错之分，”卡耐基梅隆大学的拉里·瓦瑟曼（Larry Wasserman）说，“这是非常前卫的方法。”

寻找恰当的先决条件同样需要具备极为深入的知识。例如，为了寻找老年痴呆症的病因，研究人员可能需要测试 5000 个基因片段。贝叶斯推理法可以为每个基因造成影响找到 5000 个先决条件；若要寻找存在相互联系的基因，它还可以提供另 2500 万个条件。“没有人能为如此高维度的问题构建可信的例子，”瓦瑟曼说，“就算有人给出例子，也不会有人相信。”

平心而论，在没有任何背景信息的条件下，使用标准的频度式方法筛选如此众多而细微的基因效应很难找到真正重要的基因或基因组合。但与凭空生成 2500 万个基于贝叶斯推理法的一致猜测相比，这个问题可能要容易回答得多。

总的来说，频度式方法在数据量足够多时十分有效。一个著名的例子是寻找希格斯玻色子，位于瑞士日内瓦的 CERN 粒子物理实验室于 2012 年完成了该项工作。分析团队称，如果希格斯玻色子并不存在，那么在 350 万次假想的重复试验中，我们应只见到一次有规律的数据，而且要比实际观测到的更为令人惊奇。由于这个事件的可能性太低，团队可以自信地拒绝宇宙中没有希格斯玻色子存在的假设。

这段话看起来相当拗口。它凸显了频度式方法的主要缺陷：通过蔑视一切不了解的不确定性让人感到迷惑。希格斯玻色子要么存在，要么不存在；如果不能确切地回答，就说明信息不够充分。严格来说，频度式方法不能给出一个存在与否的概率的直接陈述——CERN 的研究人员们也的确小心措辞以避免如此（有一部分媒体和其他人没管那么多）。

横向比较可以指出它所带来的困惑，正如 20 世纪 90 年代发生得的两种心脏病治疗药物——链激酶（streptokinase）和组织纤溶酶原（tissue plasminogen）——的临床试验引起的争议一样。某次研究结果显示，使用更新、更昂贵的组织纤溶酶原激活物治疗的患者有着更高的存活率。对该研究的第一次频度式分析表明它的“P值”为0.001。换句话说，若两种药物的致死率相同，那么与试验结果相当或更为极端的数据将在每1000次重复试验中平均只出现一次。

这并不意味着研究人员99.9%确信新的药物更好，虽然许多人都会这样认为。当其他研究人员使用贝叶斯推理法重新分析先前的临床试验并将其作为事例时，他们发现新的药物优于旧药物的直接概率只有约17%。“使用贝叶斯推理法时，我们可以直接对关心的问题提出假设，看其为真的可能性有多大，”剑桥大学的戴维·斯皮格哈特（David Spiegelhalter）说，“谁不愿意这样做呢？”

这或许只是让它们各得其所。不过既然两者各有长短，我们何不取长补短呢？卡斯正是进行这类尝试的新派别的统计学家。“对于我来说，统计就像是一门语言，”他说，“你可以既懂英语又会法语，而且在两种语言之间自如切换。”

斯蒂芬·瑟恩（Stephen Senn），卢森堡健康研究所的一位药理统计学家，同意这个观点。“我使用所谓的‘混合统计’方法，就是用一点这个方法，再用一点那个方法，”他说，“我经常按照频度式方法工作，但我也会颠倒过来，进行贝叶斯分析，并按照这种方法进行思考。”

卡斯举了一个分析实例。他和同事们曾分析了猴子大脑中视觉运动区域（visual-motor region）内的数百个神经元的放电率。先前基于神经生物学的研究工作给出了这些神经元的理论放电速率，以及该速率随时间变化得有多快。他们对结果进行了贝叶斯分析，然后换用标准的频度式框架来检验分析结果。贝叶斯分析为频度式方法提供了足够的初始数据，使得后者可以在茫茫的噪声中搜寻极为细小的差异。二者联手，胜过单独使用任何一种方法。

有时，对贝叶斯推理法和频度式方法的极端应用甚至可以产生新的事物。在大范围的基因研究中，使用贝叶斯分析可以得知对2000个基因的效应的检测几乎相当于2000个平行试验，于是我们就可以将试验结果进行交叉比对，使用其中部分结果建立一个先验判据，并用该判据验证其他结果，以进一步确定频度式分析的最终结论。“这种方法得到的结果要好得多，”约翰霍普金斯大学（位于马里兰巴尔的摩）的杰夫·里克（Jeff Leek）说，“它真的改变了我们分析基因数据的方法。”

它同样跨越了二者之间的壁障。“这到底是属于频度式方法呢？还是贝叶斯推理法呢？”哈佛大学生物统计学家拉斐尔·伊里萨里（Rafael Irizarry）在博客上写道，“对于应用统计学家来说，这并不重要了。”

然而这并不意味着争论消失了。“说到底，统计学仍然是一门抽象的科学语言，通过数据来揭示大自然运作的方式，而同样一个故事，可以用很多种方法讲述。”卡斯如是说。“也许两百年后，人们会取得突破，将频度式方法和贝叶斯方法融合为一个统一的理论，但我猜它们总是要一争高下的。”

已知的未知

格雷戈里·柴汀

在探索巧合中的数学的最后一站，让我们走进数论丛林的黑暗深处。小心出没的野兽：完全无法预测的数字，意味着我们无法证明确凿的定理。

在物理上，有关可预测性的问题由来已久。在 19 世纪早期，艾萨克·牛顿（Issac Newton）提出的经典机械论使皮埃尔·西蒙·德·拉普拉斯（Pierre Simon de Laplace）坚信，宇宙的未来已被永远定格。

然而之后，量子力学登场了。它是我们理解自然物质、描述电子和其他基本粒子等微小物体的基本理论。量子力学的一个颇具争议的特性是，它把概率和随机性引入了物理的底层。这让伟大的物理学家阿尔伯特·爱因斯坦（Albert Einstein）十分不满，他曾说“上帝不掷骰子”。

数十年过后，对非线性动力学的研究再次让世人感到惊讶。它表明，即使是牛顿的经典力学，其核心深处同样存在着随机性和不可预测性。二者开始看起来像普适的定理了。

现在，人们发现，它们甚至把影响力扩展到了数学领域。下面我将展示，数论中有一些定理是无法证明的，因为若我们提出确切的问题，得到的结果将等价于投掷一枚硬币。

这一结果大概会使许多19世纪的数学家感到惊诧，因为那时的人们坚信一切数学真理都是可以被证明的。例如，在1900年，数学家戴维·希尔伯特（David Hilbert）发表了一篇著名的演讲，他列出了23个数学问题，留给新世纪的人们解答。其中，第六个问题旨在建立物理学中基本且普适的定理，或称公理。这一问题里的某一点涉及了概率论。对于希尔伯特来说，概率论只是从物理问题中衍生的一个实践工具而已，它帮助科学家使用有限的信息描述真实世界。

他在演讲中也着重谈到了第十个问题，这个问题是关于丢番图方程的求解。丢番图方程是有关整数的一类代数方程，以古希腊数学家丢番图（Diophantus）命名。希尔伯特问："有没有一种方法能够判定，一个代数方程是否存在整数解？"

希尔伯特未曾料到，第六个问题和第十个问题竟然有某种微妙的联系。他在内心深处认为，任何数学问题都有其解。他对此坚信不疑，甚至没有把它列为问题中的一道。原则上，所有数学问题都是可解的，我们只是还不够聪明、或者不够努力而已——至少希尔伯特是这样认为的。在他看来，这是非常简单的事情，非此即彼。

如今人们发现，希尔伯特的想法根本站不住脚。实际上，希尔伯特的第六个问题中关于概率论的部分与第十个问题中求解整数代数方程的部分是紧密相关的，而这一关联却导致了一个诡异甚至有些惊悚的结果：随机性同样藏在理论数学最传统的一个分支——数论中。

结果表明，简单、明确的数学问题不总是存在明确的解答。在初等数论中，涉及丢番图方程的问题的回答并非黑白分明，而是完全随机、模棱两可。这是因为，证明这个问题的唯一方法是把每一个解都当作一个附加的、独立的公理。上帝不只在量子物理和经典物理中掷骰子，还在理论数学中掷——若爱因斯坦知道这一点，老人家恐怕会吓得不轻。

这个惊人的结论从何而来呢？我们要回去找希尔伯特。他说，若你建立了一套公理体系，就应该有一套程序来判断一个数学证明是否正确，并且这些公理应是完备而自洽的。自洽意味着你无法证明两个互为相反的结果同时为真；完备意味着你可以用这套体系证明任何一个命题的真伪。他还补充说，这套程序可以保证所有数学命题都能被自动证明。

有一个非常形象的方式用于描述这个程序是如何运作的：它被叫作“英国博物馆算法”（British Museum algorithm）。你要做的——当然这只是假设，否则它将永远运转下去，无穷无尽——是使用以规范的数学语言写成的公理体系来检测所有可能的证明，这些证明按照长度和词典编纂的顺序排列。你检查哪些证明是正确的——哪些是符合规定且有效的。理论上，如果公理体系是完备且自洽的，你就可以判定任一定理的真伪。这套程序意味着，数学家将不再需要天才和灵感来证明数学定理了：数学变成了一台机器。

当然，数学不可能是一台机器。奥地利逻辑学家库尔特·哥德尔（Kurt Gödel）与计算机之父阿兰·图灵（Alan Turing）证明，一个数学公理体系，或者一套用于判别任意数学命题的真伪或可否被证明真伪的程序，是不可能同时完备且自洽的。

哥德尔首先想出了这个天才般的证明，在数论中被叫作不完备性定理。但我认为，图灵的陈述更为基础且易懂。图灵使用了计算机的语言——指令，即计算机用于解决问题的程序——证明了：不存在一个程序，能够决定任意程序是否会终止计算并停机。

这被称为停机问题（halting problem）。为了证明它无解，我们让程序在图灵机上运行。图灵机是一个理想化的数学模型，相当于一台可以永远运算下去的数字计算机。（程序必须包含计算所必需的所有数据在内。）然后，我们的问题是："这个程序会永远运行下去吗，还是说等到某个时刻，它就会说'我算完了'然后停机？"

图灵证明了，你无法向计算机输入一套指令，也没有相应的算法，来事先判定一个任意给定的程序是否会停止计算。由此可以很容易推出哥德尔的不完备性定理，因为停机问题无解便意味着不存在一套完备且自洽的公理体系。如果有的话，这样一套公理体系就可以给出一套程序来检验所有可能存在的证明，并得知这个程序将会在何时——当然是很久很久以后——终止。

为了得到我的有关数学中随机性的结果，我只需将图灵证明的结论变换一种说法。我得到的是某种数学上的双关语。虽然停机问题是无解的，但我们可以考察一个随机选择的程序会停机的概率。我们从一个思想实验开始，这个实验会用到一台通用图灵机：只要有足够长的时间，它可以模拟任何一台计算机。

我们不问某个特定的程序是否会停机，而是考察所有可能的计算程序，并赋予每一个程序它被选中的概率。随机程序中每一比特的信息都由投掷硬币的结果确定，每一次投掷都是独立事件。如果我们投掷了 N 次硬币，程序的信息就有 N 比特长，它的概率就是 2^{-N}。现在，我们要问的问题是：这些程序会停机的总概率是多少？我们把这个总概率记为 Ω。它实际上把图灵的停机问题归结为 Ω 的值：如果程序永不停机，Ω 便为 0；若程序总是会停机，Ω 就等于 1。

和计算机使用二进制表达数字的方法一样，我们也可以用由 1 和 0 组成的字符串表达 Ω。我们能否决定字符串上的第 N 个字节是 0 还是 1？显然不能。实际上，我可以证明这一串序列是随机的。这个证明基于算法信息理论，该理论根据是否存在可以把数据压缩为更简形式的算法来表述信息的有序程度。

例如，对于形如 0101010101……的、长度为 1000 比特的数据，我们可以用更简洁的方式“重复‘01’500 次”来代替，以压缩数据的体积。一个完全随机的数字串是无法被压缩为更短的数据的，这叫作算法上不可压缩（algorithmically incompressible）。

我的分析表明，停机的概率在算法上是随机的，它不能被压缩为更短的信息。为了从计算机中输出 N 个比特的数字，程序的长度必须至少为 N 比特。Ω 上每一比特的内容都是必要（irreducible）且独立的数学事实，且如投掷硬币的结果一般随机。例如，Ω 中包含的 0 和 1 的个数一样多，但即使知道了所有偶数位上的数字，我仍然无法知道奇数位上的数字是多少。

停机概率是随机的——我的这一结果与图灵的陈述“停机问题是无解的”等价。它给出了一个绝佳的例子，表明数论——数学的基石——中，同样存在着随机性。

这个例子的核心思想来源于 20 世纪 80 年代的一个戏剧性的进展。加拿大卡尔加里大学（University of Calgary）的詹姆斯·琼斯（James Jones）与斯特克洛夫数学研究所（Steklov Institute of Mathematics，位于圣彼得堡）的尤里·马提亚塞维克（Yuri Matijasevic）

发现了一个世纪以前由法国人爱德华·卢卡（Edouard Lucas）证明的定理，该定理提供了一个十分自然的方法，将通用图灵机转化为与一般计算机（general purpose computer）等价的通用丢番图方程（universal diophantine equation）。

出于好奇，我决定把这个方程写下来。借助一台大型机，我把通用图灵机的方程写了出来：它总共有 17000 个变量，长达 200 页。

这个方程被称为“指数丢番图方程”（exponential diophantine）。方程中的所有变量和常数都是非负整数，即 0，1，2，3，4，5，……之所以被称为“指数”，是因为它包含一个数的整数次幂。在普通的丢番图方程里，乘幂的指数是一个常量。然而在这个方程中，指数可以是变量。也就是说，方程中既含有 X^3，也含有 X^Y。

为了把“停机概率 Ω 是随机的”这一陈述转换为与代数问题解的随机性相关的陈述，我只需要在这长达 200 页的通用图灵机丢番图方程中作少许的改动。改写后，这个表现出随机性的方程仍然有 200 页长，不过只含有一个参量 N。每当给定参量的一个值，我都会问：“方程的整数解是有限多个还是无限多个？”回答这个问题等价于计算停机概率，答案相当于用代数语言表述 Ω 的第 N 比特位是 0 还是 1。如果停机概率 Ω 的第 N 比特位的值为 1，那么这个 N 所对应的方程便有无穷多个整数解。由于

Ω 的第 N 比特位的值是随机的——一次独立的、必要的硬币投掷的结果——我的方程是否存在有限个整数解也是随机的。我们永远无法知道。

假如说我想知道当 N 等于 K 时，方程的解的个数是有限还是无限，那么我需要假定 N=K 时的回答为第 K 个附加的独立公理。于是我需要在公理体系中输入 K 比特信息，结果问题便永远无法进一步得到解决。这从另一个角度说明了这 K 比特的信息在数学上是必要的。

我在理论数学中找到了随机性的终极形式，它通过初等数论可以追溯到两千年前的一位古希腊数学家。希尔伯特相信数学真理正误分明，非真即伪。我想，我的工作让许多事情看起来变得朦胧不清，同时让数学家们与理论物理学的同行们志同道合。我不认为这是不好的。我们已经见证了在经典力学和量子物理中根深蒂固的随机性和不可预测性。我相信，这些概念同样适用于理论数学的核心深处。

4 我的宇宙我做主

——哲学式幕间休息

到目前为止，我们已经学习了很多内容，现在是时候放松一下，回过头来审视它们究竟意味着什么。我们总是会认为，我们可以掌控自身，进而缓慢地了解身边的世界。可是，如果这两件事情都是不可能的，会怎么样？随着逐渐深入探索巧合在生活中占据的地位，我们有可能会发现一些令人不安的、却毫无疑问极为有趣的事实。例如，你很可能不具有自由意志。不仅如此，宇宙中最基本的一个过程可能是随机发生的，而且理由充分：否则你将无法拥有自由意志，未来也将是盖棺定论的，而且你还会接收到来自未来的信息。虽然这样做很有可能会招致存亡的危机，不过我们还是来花点时间，在哲学的汪洋中恣意畅游吧。

这儿谁是老大？

弗拉特科·韦德拉尔

你有没有想过，你的决定真的是你做出来的吗？深入思考为什么我们在做我们正在做的事情，这足以让任何一个人纠结到半夜。不过，物理学家却曾通过思考这类哲学问题催眠入睡。

在我年幼时，我喜欢在睡觉前想一些深刻的问题。我最喜欢的问题之一是“我们有自由意志吗？”让思维辗转于不同的可能性之间十分有益——它是催眠的好方法。如今我已长大，并且幸运地从事着有关思考这类问题的工作。那么，一个笃信科学的人又会做出怎样的回答呢？

大多数西方人坚信自己拥有自由意志，然而我们并不清楚这个结论从何而来，甚至也不知道它意味着什么。如果我们借助日常的行为——我们可以控制自身行为的能力——来定义自由意志，回答只有两种可能：“是的，我们有自由意志”。或“不，我们没有”。然而，不论是哪个回答，都会立刻得出与之自相矛盾的推论。

假设你的回答是“有”，那你将如何证明这个结论的有效性呢？你需要以某种不会被事先确定的方式行动。但如果你的任何行为可以追溯到过去的某个缘由，这又如何是“不被事先确定”的呢？

假设你要以不同寻常的行动来证明你具有自由意志：平素内向的你决定与街头一个完全陌生的人交谈。而你决定举止反常的这一事实似乎完全是由你想要通过反常的行为证明自由意志这一事实决定的。你想要证明自由意志的行为反而成为了你没有自由意志的证据。

看来，既然我们无法证明自由意志，那就只好承认我们不具有它了。但这同样是不可行的，而且似乎与人类的心理学完全矛盾。我们奖励做好事的人，惩罚做坏事的人。如果人类真的没有任何自由意志，这就显得极为奇怪了。如果一个人做坏事并不是出于他本人的意志，你又如何惩罚他呢？难道说，人类社会的一切道德与法制体系都是建立在幻觉之上吗？

这显然是不可能的——或者至少，我们不可能生活在这样的一个社会中。我做的任何好事都与我无关吗？难道说这些都是由我的基因、过去、父母、社会秩序或除了我以外的整个世界预先决定的吗？看来我们别无他法，只能承认自己拥有自由意志了。

于是我们陷入了一个循环，从相信自由意志的存在到不相信，再回到相信。不同的宗教派别同样只给出了模棱两可的回答，然而这无助于问题的解决。东方的哲学则引入了宿命（karma，又译因缘、报应）的概念，宣称你的一切行为都会对盘根交错的世界产生后续的影响。这虽然听起来像是决定论的链条，但根据许多东方的宗教来看，你可以通过改变你的行为来改变命运。所以改变的决定权在你的手里，并且你有做出决定的自由意志。在西方，以基督教来说，每个人都背负着类似的原罪，但同样可以通过自由意志来行善，以在死后升入天堂。人性本恶，却向善而活。大多数的宗教都是关乎道德，假设人类拥有自由意志似乎是必要的组成部分。

而科学的传统则似乎深深根植于决定论中。物理学的一个基本问题便是：如果我在某一个系统中这样那样做，它会给出怎样的响应？物理便是一个研究因与果的学科，二者之间决定性的关联似乎是其中最为核心的要素。然而果真如此吗？

物理学研究物质与能量之间相互作用的性质与规律。在古希腊，以德谟克利特（Democritus）与留基伯（Leucippus）为代表的哲学家认为，世间万物都可以用一种不可再分割的、被称为原子的物质之间的相互作用来解释。从形式上，或者至少从本质上，这与经典的牛顿力学是一致的，看起来其中没有半点自由意志的容身之处。

牛顿把宇宙想象成一个如钟表般运转的巨大机器，依照他提出的亘古不变的运动定律永世运转。在他的宇宙里，不存在任何自由意志，甚至连上帝也只是一个被动的、边缘化的角色：他只负责设定一个初始状态。一旦开始，宇宙便会径自以确定好的方式，不受任何人干扰地运转下去。即使牛顿的引力失效了，爱因斯坦用他的广义相对论取而代之，只要涉及决定论，其本质也不会有任何改变。

根据爱因斯坦的理论，宇宙是突然诞生的，一切已经发生和即将发生的事情都已然存在于如今我们所说的“砖块宇宙”（block universe）中。广义相对论认为，所有未来的时刻都已经刻画在砖块一般的四维现实中。爱因斯坦曾说，任何随着时间流逝而发生的变化都“不过是永恒的幻觉而已”。这句话后来被广泛引用，作为决定论的终极诠释。

然而，量子物理以最不可思议的方式将这一切改写。在量子物理中，当一个光的粒子——光子——撞到一片玻璃（比如你家的窗户）时，它的行为似乎是随机的。它有一定几率穿透玻璃，同时它也有一定几率被反射回来。以我们目前所知，没有什么可以决定在任一给定时刻它到底是穿透还是被反射。根据我们对物理定律的最佳理解，这两个事件的发生完全是随机的。量子理论之父，尼尔斯·玻尔（Niels Bohr），他的所有观念都基于一个假设：偶然性是真实自然的必要因素。

爱因斯坦极力反对。承认量子力学中的随机性，同时保留相对论中的确定性，必然意味着物理学的两个基石将永远无法融合到一起，共同描述同一个世界。不过故事并没结束。有一种阐述量子力学的方法，它允许确定性和随机性在量子世界中共存。根据量子力学的“多世界”解释，所有可能发生的事件，例如光子穿透玻璃或被反射回来，都存在于同一时刻同一个宇宙（universe）中——但不是在同一个世界（world）。也就是说，在一个世界，光子穿过了你家的玻璃窗，而在另一个“平行”世界，它却被反射了回来。

在这样一个包罗万象的宇宙图景中，我们相信两个同时存在的世界是相互“纠缠”的。而你，作为事件的观测者，也同样与两个世界紧密相连：其中一个世界里的你看到了光子穿过玻璃窗，而另一个世界里的你则看到光子从玻璃表面被反射。根据这个诠释规则，不论是哪个世界里的你，都同时存在于同一个宇宙中。

这显然完全是确定性的：所有能够发生的事情确实发生了。不过，有一件事你无法确定——偶然性在此凸显功效——那就是你到底身处哪个世界中：哪个“你”是真正的你，哪个“你”只是一个副本。此类逻辑让一些人认为，人的意识在量子力学中扮演核心角色，但我并不认同这个想法。

然而最终，不论是确定性还是随机性，显然都不利于自由意志。如果自然的本质是随机的，那么我们的行为也是完全不受我们控制的：随机性不比确定性好到哪里去。

为了得到某种自由意志，我们需要生活在确定性和随机性的夹缝中。我们必须能够自由地选择自身的行为，但这些行为又应该导致确定的（即非随机的）结果。例如，我们想要自由选择把我们的孩子送到学校念书。但我们同样想要相信，物理学（以及生物学、社会学等）定律会保证把孩子送到学校念书有很大可能让孩子拥有更美好的未来。若脱离了一定程度的确定性，自由意志是毫无意义的。

这些话放到物理的研究中同样适用。我想要相信，我选择自己研究的内容——不论是我想要测量一个粒子的速度也好，还是它的位置也好——是基于自己的选择。但我同样希望大自然中存在某种程度的确定性，使得我能够从我所选择的测量行为中推断出物理定律。实际上，我们推导出量子力学的基本方程，恰恰表明了它们是遵循决定论的，正如牛顿力学一样。

上述讨论丝毫没有神秘或引发争议之处。不过，如果把这些结论应用到我们自身上又会如何呢？我们都是由原子组成的。如果原子的行为是确定的，那么我们的行为也必然是确定的，我们的命运也将与宇宙中其他任何事物一样毫不动摇。若剖开我们的大脑仔细观察，我们将看到一个个相互连接的神经元，它们的行为取决于构成了它们的分子的结构，而这些分子又是严格受到量子力学定律的支配。极端一点说，量子力学的原理最终决定了我将如何推导出量子力学的原理。这是一个无穷尽的循环，在逻辑上是站不住脚的。

百余年前，生物学家托马斯·亨利·赫胥黎（Thomas Henry Huxley）就曾问道："如果一头野兽在进食时不感到喜悦，在哭泣时不感到伤痛，无知也无求，只是模拟出某种智慧，又有什么证据能够表明它比一个牵线木偶更加高级呢？”一旦考虑到物理，这个证据便不复存在。物理无法解释自由意志的存在，它反倒更倾向于决定论。

作为一名科学家，在有关自由意志的问题上，能够做出的最为诚实的回答便是：我不知道。我唯一能够肯定的是，当我受邀以一名物理学家的身份写一篇有关自由意志的文章时，我感到兴奋无比，并一口答应了下来。

漂泊不定的未来

保罗·戴维斯

我们都相信宇宙的运行遵循一定的规律。那为什么还有如此多无法预测的事情?

所有科学都基于一个假设:物理世界是有序的。这个秩序最有力的表示便是物理学中的定律。没有人知道这些定律从何而来,也不知道它们为何是准确而普适的,但我们仍然可以从周围世界的图景中窥见一斑:昼夜的交替,行星的轨道,以及钟表的摆动。

然而,自然界的这种有序性并不总是可靠的。变化多端的天气,毁灭性的地震,一颗陨石从天而降,这些看起来都是随性而偶然的。难怪我们的祖先会把这些事件归结为上帝的旨意。但我们该如何将这些随机的“上帝的所作所为”与大自然中蕴含的规律协调在一起呢?

古希腊的哲学家认为,世界是两种力量相互对抗的战场:一种力量是有序,带来协调;另一种力量是无序,引发混乱。他们相信,随机、无序的现象是邪恶的,会带来不好的影响。如今,我们不将自然界中的随机事件视为邪恶,而仅仅认为是一种不可捉摸的现象。一个偶然的事件可能会带来好处,例如生物的进化;也有可能带来坏处,例如金属疲劳导致飞机坠毁。

虽然个别的偶然事件会强化人们对无序的印象，但作为一个整体看待时，它们仍然呈现出统计性的规律。实际上，赌场老板相信概率，正如工程师相信物理。同样的物理过程，怎么会既遵从物理规律，又符合概率理论呢?

自从牛顿在 17 世纪提出了运动三定律以后，科学家们便开始认为宇宙是一个巨大的机器。这一观点被 19 世纪的皮埃尔·西蒙·德·拉普拉斯（Pierre Simon de Laplace）阐述到了极致，他设想构成物体的每一个粒子都被描述运动的数学方程牢牢锁定，这些方程确定了包括最小的原子在内的一切物质在每一个时刻的行为。拉普拉斯称，给定宇宙在任意时刻的初始状态，宇宙的命运便可以按照牛顿的定律唯一确定，要多精确就有多精确。

宇宙是一个严格按照恒成立的定律确定运转的机器——这一概念对科学产生了深远的影响，与亚里士多德学派曾经构想的有机生命体一般的宇宙图景形成了鲜明对比。一个机器不会有“自由意志”，它的未来在开始的刹那便已确定无疑。实际上，按照这个想法，时间的存在与否已经无关紧要了，因为未来已包含在起始中。后来的诺贝尔奖得主、布鲁塞尔大学的理论化学家伊利亚·普利高津（Ilya Prigogine）更是声称：上帝只不过是一个档案管理员，翻动着已经写好了宇宙所有历史的书页。

如此确定无疑的图景看起来不免有些荒凉，然而其中蕴含着一个观念：世上并不存在真正的巧合。根据这个观念，看似毫无规律的事情，都可以用人们对过程中细节的忽略来解释。以布朗运动为例，悬浮在液体中的微小颗粒在溶剂分子略微不平衡的不断撞击下，看起来像是在做无规则的折线运动。布朗运动是典型的随机不可预测的过程。然而确定论则认为：如果我们能够精确追踪每一个液体分子的运动，就完全可以像预测钟表运动一样预测布朗运动。布朗分子的运动表现出的随机性完全来自于我们对参与其中的巨量分子的无知，后者则是因为我们的认知能力过于粗糙，无法在分子层面进行详细的观测。

有一段时间里，人们相信看上去“偶然”的事件都是因为我们无法完全了解所有隐藏的变量或自由度，抑或是后者作用的平均结果。投掷硬币或骰子的结果，旋转轮盘得到的点数——只要我们在分子层面上进行观测，这些事件的结果都是可以预测的。宇宙机器对物理定律的无条件遵从确保了哪怕是最为随机的事件都是有序的，只是其中的规律极为错综复杂罢了。

然而，20世纪中的两个重大发现却彻底粉碎了宇宙机器的幻梦。第一个发现是量子力学。量子物理的核心是海森堡不确定性原理，它表述为：任何可测量的物理量都是随机的。量子涨落并非由于人类认知能力的不足，也不是因为某种隐藏的自由度，它们深深嵌在自然法则的原子层面。例如，一个放射性原子发生衰变的时刻从本质上便是不确定的。真正的不可预测性由此植入了自然的根源中。

尽管有不确定性原理存在，量子力学从某种角度上看仍然是一个确定的理论。虽然某一个量子过程的结果是不确定的，但不同结果出现的相对概率却可以计算。这意味着，你无法知道“扔一个量子骰子”的确切结果，但你可以知道每时每刻赔率的精确变化值。在统计学的范畴里，量子力学是确定性的。也就是说，量子物理将偶然植入构成现实世界的某些砖块中，而剩下的部分仍然体现出牛顿－拉普拉斯的世界观。

第二个发现便是混沌理论（chaos theory）。它的核心思想早已存在于数学家亨利·庞加莱（Henri Poincaré）在世纪之交做的工作中，但直到最近，尤其是在高速电子计算机问世以后，人们才认识到这一理论的重要性。

混沌过程的关键特征涉及可预测误差随时间的演化。首先请看一个非混沌系统的例子：单摆的运动。想象两个一模一样的单摆完全同步地摆动。现在，假设其中一个单摆受到轻微的扰动，导致它的摆动与另一个产生了细微的偏差。这个差异，或称相移（phase shift），在单摆的运动过程中保持为小量。

若想要预测单摆的运动，我们可以测量某一时刻摆锤的位置和速度，并根据牛顿运动定律计算出它随后的行为。初始测量时的任何误差都会在计算过程中传递下去，并表现为最终预测上的偏差。对于单摆来说，只要初始的误差足够小，最终计算出的预测结果的偏差也很小。在典型的非混沌系统中，误差随时间的增长而积累——关键是，这个积累是线性的（或者非常接近一次幂），所以误差才能够保持在可控的范围内。

现在让我们把这一特性与混沌系统的进行对比。在混沌系统中，两个相同的系统在初始时刻的微小差异会随着时间迅速增大。实际上，混沌的标志便是运动的差异以指数形式放大。放到预测的问题里，这意味着任何输入误差都是随时间以指数形式增长的函数，不用多久便会淹没真正的计算结果，导致预测失效。即使输入误差很小，它也会在短时间内增长到足以破坏计算结果的程度。

混沌和非混沌的区别在球面摆（spherical pendulum）（可以朝两个方向自由摆动的单摆）中体现得淋漓尽致。把一个球拴在一条绳子的末端，就可以构成球面摆。如果系统在某一平面内受到一个周期性驱动的力矩，它就会开始摆动，并很快进入一个稳定的、完全可预测的运动模式：小球以驱动力的频率摆动，轨迹呈椭圆形。然而，若稍稍改变驱动力的频率，这个规律性的运动便会立刻转变为混沌：小球的轨迹杂乱无章，一会儿顺时针打转，一会儿又反过来，完全随机。

这个系统的随机性并非由某种看不见的自由度导致。实际上，只要沿三个可观测的自由度（三个可以运动的方向）建立数学模型，我们便可以看出单摆的运动仍然是随机的——尽管这个数学模型确凿无疑。

人们曾经认为，确定性与可预测性是形影相伴的。但现在我们明白了，实际上并不一定如此。一个确定的系统是指，系统在未来任意时刻的状态都可以使用某种动力学理论，根据之前时刻的状态完全确定。然而只有在无限精确的条件下，确定性才能推出可预测性。以单摆系统为例，给定初始条件，单摆的行为便是唯一确定的。初始条件包括摆锤的位置，若想要实现预测，我们必须给出摆锤的质心到轴点的精确距离——但，限于测量，我们无法给出距离的精确值。

任何预测性的计算都会带入一定的输入误差，因为我们无法绝对准确地测量物理量。而且，计算机能够处理的数据精度也是有限的。

在非混沌系统中，这个限制条件无关紧要，因为误差的增长是缓慢的。然而在混沌的系统里，误差会随着时间加速增长。假设数据的第五个有效数字存在不确定性，它会在经过时间 t 后影响系统行为的预测。更精确一些的分析或许能把不确定性减小到第十个有效数字。然而，由于误差是以指数形式增长的，所以在经过时间 2t 后，这个不确定性还是会影响到预测。即使我们能够将测量精度继续提高几百个数量级，也只能换来仅仅几倍于原时长的预测能力。对初始时刻的敏感性引出了那句著名的“蝴蝶效应”：亚马逊丛林里的一只蝴蝶扇动翅膀，就能在德克萨斯州卷起一阵龙卷风。

混沌在物理定律和概率论之间建立了一座桥梁。从某种意义上讲，巧合或偶然的事件的确可以归因为对细节的忽略——或许除了量子理论以外。然而，尽管布朗运动表现出的随机性是因为我们选择性地忽略了巨量分子的运动自由度，确定性混沌系统表现出的随机性则源于我们不得不忽略仅仅几个自由度的超高精度细节。布朗运动的复杂性源于分子碰撞本身便是相当复杂的过程，但是球面摆的系统虽然极为简单，它的运动同样可以极为复杂。复杂的行为并不一定源于复杂的受力或定律。对混沌系统的研究解释了如何将漂泊不定、反复无常的物理世界的复杂性与其内在的简洁而有序的定律联系在一起。

那么，我们又能从拉普拉斯设想的机械宇宙——包含着混沌与非混沌系统——中得出什么结论呢？混沌的系统极大地限制了人类的预测能力，仅仅是想要计算其中一个系统的精确行为，都足以耗尽宇宙的所有能量。看起来，宇宙甚至无法用数字计算出自身的哪怕是一小部分的未来。用更通俗的话说——宇宙本身便是自己最快捷的模拟器。

这个结论具有深刻的内涵。它意味着，即使我们接受了自然是严格确定的说法，宇宙的未来在某种程度上仍然是“开放”的。一些人将其理解为人类自由意志存在的证据，其他人则声称它让大自然拥有了创造力，使之能够引入一些潜藏在用数学语言写成的理想故事中的、崭新而未曾表现过的事物。不论它的好处如何，我们似乎可以从对混沌的研究中安全地得出结论：宇宙的未来并没有被彻底钉死。普利高津的话也可以表述成：宏伟宇宙之书的最后一章尚未被编纂。

上帝掷骰子，理由很充分

马克·布坎南

符合量子力学的宇宙究竟是什么意思？它有没有可能是别的样子？绝大多数的科学都专注于“怎样做”，但思考“为什么？”更加有趣。科学家发现，当设计一个宇宙时量子其实是一个相当好用的方法。

本节讲述的是关于上帝——意图和极限的故事。不过它与宗教无关。当阿尔伯特·爱因斯坦（Albert Einstein）说出那句著名的“上帝不掷骰子”时，他并没有在暗示某种精神上的超越，而只是表达对随机性深藏于我们看不见的宇宙过程或精神深处这一想法的蔑视。不过，我们或许可以更深入一些。

自人类第一次瞥见自然世界的量子实质起，时间又过了约一个世纪，然而我们对量子事件中的细节仍然完全无法预测。我们自然可以简单地承认：不论是原子跃迁还是核素衰变，这个世界似乎的确是随机的——上帝老人家是掷骰子的。可为什么？宇宙为什么符合量子力学？它有什么意义？

物理学家通常会问“如何”的问题。光子和电子是如何能够在同一时刻身处不同地点的？对它们的测量如何使它们决定了自身的状态？然而，通过把“如何”变成“为何”，我们可以把无可逾越的量子壁障暂时推到一边。尽管显得有些鲁莽，但我们仍然能够从中得到一些线索甚至启示。现在，一些物理学家猜测，量子力学中的随机性是有某种目的的。如果他们是对的，量子不确定性的效果便不是为我们的世界带来混沌和无序，而是完全相反——上帝使用不确定性来保证在他的宇宙中，即使是最遥远的角落，也仍然在他的掌控之下。

这个看似矛盾的结论源于对量子行为中最诡异的现象——“量子纠缠”（quantum entanglement）。纠缠是发生在两个或更多光子、电子、原子之间不可名状的一种联系，即使这些粒子相隔宇宙的两端。例如，π 介子（pion）是一类亚原子，它可以衰变为一个电子和一个正电子——电子的反粒子。当衰变发生后，生成的两个粒子会朝相反方向飞去。然而根据量子理论，不论它们相隔多远，都是神奇地相互连接的。

量子微粒的一个诡异之处便是它们的性质只有在测量时才会确定下来。例如，对于电子和正电子来说，它们都在自旋，自旋的方向要么是顺时针的（被称为“向上”），要么是逆时针的（被称为“向下”），二者的可能性相等——但在进行测量之前，你永远不知道究竟是朝哪个方向，粒子处于一个奇怪的不定态，即两种自旋状态的“叠加”。然而对于两个相互纠缠的粒子，可以确定的是，二者的自旋方向是息息相关的。因为原初的 π 介子没有自旋，衰变生成的电子和正电子的自旋方向一定是相反的，以保证二者之和为零。如果你测量得到电子的自旋是“向上”的，那么正电子的自旋一定是“向下”的，反之亦然。

看上去，两个纠缠在一起的粒子，不论相隔多远，却并没有真正分开。对其中一个的测量，会使它的自旋确定下来，同时让另一个粒子产生响应，自旋状态确定为相反的方向。令人惊讶而不解的是，这个响应是瞬间完成的——即使它们相隔宇宙的两端。

这意味着，量子理论需要一种长距离的作用。在宇宙的一个角落发生的事情能够对“非局域的”（non-local）另一个角落产生即时的影响，与两个地方的间隔无关。这便导致了一个问题：瞬时的长程作用给了爱因斯坦一记响亮的耳光。后者提出的相对论——物理学的奠基石——给我们的宇宙规定了一个速度上限。爱因斯坦说，没有什么能比光还快。

这下子，人们便陷入了疑惑：我们真的要承认非局域的量子奇观吗？有没有其他理论可以不用长程作用解释这些纠缠现象呢？

想象一下，如果有个人把你的一双鞋子分开放到两地，然后称其中一只的重量，就可以很好地估计另一只有多重了。这毫不奇怪，不存在非局域的问题。鞋子有重量，如果两只成一对，它们的重量从一开始便是相互关联的。纠缠的粒子是否也与此类似呢？且不论量子理论如何表述，或许那些粒子的自旋的确是确定且反向的，测量只是得到一个预先存在的结果而已。

这显然是有可能的，甚至可能就是事实。但问题是，它仍然与相对论的观点相左。因为在 1964 年，欧洲粒子物理实验室 CERN 的物理学家约翰·贝尔（John Bell）详细检验了这一类讨论，并证明了一个著名的定理。他的同事，现已从加利福尼亚劳伦斯伯克利实验室（Lawrence Berkeley Laboratory）退休的物理学家亨利·斯塔普（Henry Stapp）称之为“科学史上最伟大的发现”。

贝尔首先假定，量子理论并没有对量子微粒给出完备的描述。然后他证明了，如果存在任何其他更为完备的、符合量子力学框架的理论，它必然会与旧的量子论一样，包含某种非局域性的影响。“贝尔证明了，”纽约哥伦比亚大学的哲学家戴维·阿尔伯特（David Albert）说，“不论我们怎样尝试描述，自然原理中仍然存在确凿的非局域性。”任何有关纠缠态的可信描述必然是非局域的，没有例外——当然，除非说纠缠态实际上并不存在，量子力学本身就是个错误。

然而我们可以相当自信地认为它是正确的，因为它可以通过实验来得到证明。1981 年，法国光学研究所（位于帕莱索）的阿兰·阿斯佩（Alain Aspect）使用一对相互纠缠的光子，展示了它们的确遵循量子力学的定律。之后，其他研究者改进了他的测量结果。日内瓦大学的尼古拉斯·吉辛（Nicolas Gisin）与同事将相互纠缠的光子对通过光纤分别输送到瑞士的两座城市，表明相隔数十公里的粒子对仍可以保持纠缠特性。还有人更是把光子送到一百公里的云层之上，检验这个神奇的特性。看起来，距离似乎无关紧要。

不仅如此，纠缠并不仅仅存在于粒子对之间。布里斯托大学的数学家诺厄·林登（Noah Linden）与他的同事，理论物理学家桑杜·波佩斯库（Sandu Popescu），研究了多个粒子之间的纠缠。他们发现，在任何一组粒子占据的经典量子态中，粒子之间的联系都显示出非局域的特性。量子理论不是只有一点非局域的，而是相当非局域——它是宇宙的基本法则之一。

这个结论令人坐立不安。非局域性深入物体之间相互分隔的概念中，动摇着独立性的根基。若想要独立某个东西，我们只需把它拿到距离其他物体很远很远的地方，或者围绕它建立一层不可穿越的墙壁。然而，量子纠缠可不管这些。它不是穿越空间的一根绳索，而是作用于空间之外的某种力量，无视障碍和距离。

这是否意味着分隔的概念已经失效？而且，既然这种超光速的连接可以实现，这是否意味着获得了巨大成功的相对论也失效了？

现在该让上帝的骰子闪亮登场了。波佩斯库认为，量子力学的随机本质正是上帝用于防止那些诡异的后果发生的安全屏障。它保证了波士顿大学的物理学家阿布纳·西摩尼（Abner Shimony）所说的量子力学与相对论的“和平共存”。诚然，纠缠对的某一方向上或向下的测量结果会即刻影响另一方的状态,但这个结果是完全不可控制的。不论测量哪一方，其结果每次都是向上或向下各占一半可能性。你无法利用这一联系传递任何信息。

而且，不论你如何尝试，使用怎样的伎俩，瞬时传递信息的障碍似乎仍然不可逾越。假设你选择坐标轴的两个方向 A 和 B 来测量粒子的自旋。如果你在 A 方向上测量一个粒子的自旋，那么另一个粒子在 A 方向上的自旋便是立即确定了的。

在 B 方向上测量的结果同样如此。你无法预判它到底是向上还是向下，但这已经无关紧要了。只要你能通过某种设备来判断自旋是在哪个方向上确定的，你就可以发送一组二元编码：例如 ABBABBAB，它与二进制的数字编码 01101101 完全相同。

然而根据量子力学的数学公式可知，不存在任何能够可信地测量该信息的设备。对另一个粒子的观测试验根本无法从每一次的、整体的或是任何形式的测量结果得到你原本的测量序列。量子随机性保证了这一点。

于是，一对处于量子纠缠态的粒子既是最完美的电话线路，也是最没用的话筒。二者之间的联系虽可以在瞬间横跨宇宙，然而任何一端的听筒都会把接收到的信息彻底打乱。例如你在一端说“嗨，是我”，那么这条链路便会把它转化为“史亥，渥”。你固然能够以超光速传递信息，然而却无法从接收到的信息中提取任何有意义的内容。正如后来的阿舍·佩雷斯（Asher Peres）所描述的那样，粒子之间传递的是“没有内容的信息”（information without information）。

根据波佩斯库所说，这个事实回答了“为何”的疑问。尽管纠缠态的连接中存在原始的非局域性，随机性却仍然保证了量子理论不会超出爱因斯坦设定的框架。相对论的一个核心守则是“无超距性”（no-signalling）：你无法以超过光的速度将能量或信息从一个地方传输到另一个地方。该守则保证了因果律，使得一切原因都先于结果发生。在决定论的世界里，任何超距作用都会破坏这个守则。然而量子理论却使西摩尼所称的“异地恋情”（passion-at-a-distance）成为可能：二者之间的关联没有那么强，在违背因果规律之前就会停下收手。

于是，上帝设想的图景大致如下：相对论保证了宇宙中不同区域之间相互隔离，而量子纠缠则使这些区域并非完全独立，让整个宇宙成为一体。正是随机性让上帝得以把相隔甚远的两地更加紧密地联系在一起，同时不违背因果定律。上帝掷出骰子，得到了这一结果。

“这十分奇妙，”波佩斯库说，“量子力学将非局域性和因果性结合在了一起。”但他想要从问题中挖掘出更多的回答。在扔骰子的时候，上帝只能借助于量子原理吗？“量子力学是唯一一个能够把非局域性与相对论融合在一起的理论吗？”波佩斯库问。若是，它就不仅可以解释宇宙中为何存在随机性，还能解释随机性为何以量子力学的形式被嵌入宇宙中。

在20世纪90年代早期，吉辛研究了量子理论能否被修改，同时与已知的观测结果相符。他发现，摆弄这座宏伟大厦是一个异常棘手的问题。“哪怕只是把它修改一点点，量子非局域性立刻就会破坏无超距性，为超光速通讯提供可能。”他说。那么干脆对它大刀阔斧地进行改革又会如何？难道除了量子理论之外，就没有别的理论可以让非局域性和因果性和谐共存吗？

波佩斯库和他在本古里安大学（Ben Gurian University，位于以色列）的同事丹尼尔·罗尔利希（Daniel Rohrlich）进行了一些奇怪的思想游戏。他们试图寻找一些可能的理论以代替量子力学。

这个物理练习更偏向于数学。想出一个非局域性理论并不难，只要随便构想作用在两个分隔粒子之间的力即可。然而，这样做很有可能会引入一种超光速的通讯，从而与相对论冲突。设想一个无超距性理论也不是难事，它只要严格满足局域的因果性即可。难就难在，我们要找一个既满足非局域性，又满足无超距性的理论。这样的理论有多少个？很多吗，还是说只有量子理论一个？

波佩斯库与罗尔利希很快就得到了回答：他们认为，量子理论并非唯一一个满足条件的理论。通过构建一个粒子之间的纠缠比量子理论中更为紧密的物理模型，他们证明了自己的设想。这个“超级纠缠”导致了自旋测量结果的“超级相关”，同时没有违背无超距性。这个假想的世界提供了一个可能性：能够同时容纳非局域性和因果性的理论还有更多。

这不意味着量子理论会让出自己的王位。在我们的世界里，量子力学无疑是正确的。其他理论的缺失意味着，非局域性和因果性的共存不足以彻底绑住上帝的双手，把物理定律锁死。一定还有其他一些性质等待着人们去发现。

“我们的模型带来了一个问题，”波佩斯库说，“为了推导出量子力学，究竟哪些定律——非局域性、无超距性再加上其他一些简单而基础的内容——是必需无疑的？”是否还存在着尚不为人知的、与因果性和非局域性一样本质而普遍的定律？

我们或许已经明白了上帝为何要扔骰子，但我们仍然不知道他为什么以这种方式扔。为什么是量子力学的骰子？还有什么在约束着他的双手？摆在物理学家和哲学家面前的问题还有很多很多。

5 生物学大赌场

——自然世界中的巧合

生物学的奇迹不只塑造了今天的我们，还描绘了自然世界的未来。适者生存源于产生随机性的能力——为了躲避捕食者，或者预测致病菌的变异。若没有了随机突变带来的灵活性，未来的地球上或许将不会有生命存在。你，也不例外——你之所以能够进行理性的思考，正是因为有随机信号刺激你的大脑。没有了巧合，你将无法思考。

生命的机遇

鲍勃·霍姆斯

进化对某些人或事物会带来不利的后果——但愿那些人不是我们。抱住随机变异不放松，我们就可以在生命的汹涌波涛中保护自己，甚至还可能瞥见外星生物的模样。

找一百个新形成的地球大小的行星，把它们放到G类主序星周围某个宜居的地方，然后耐心等待40亿年。你会得到什么呢？一百个与地球类似的生机勃勃的甚至被赤裸的人猿统治的星球吗？还是说，生命甚至可能不会诞生，即使有也不会按照地球的路线进化？

有些生物学家认为，进化是一个确凿固定的过程，相似的环境会孕育出相似的结果。以斯蒂芬·乔·古尔德（Stephen Jay Gould）为代表的另一些人则认为，进化的路程上充满了难以预料的转折，相同的起点可能会演化为迥然相异的结果。

问题的回答很关键。如果古尔德一派是正确的，那么对进化的研究便类似于学习历史，我们只能向后看而不能向前。然而，如果偶然事件起到的作用可忽略不计，生物学家便可以在很大程度上预言进化的路线了。二者的区别重大，因为预测演化的结果对肿瘤是否产生抗药性、抗生素能否杀死细菌、杀虫剂能不能对付臭虫、反复接种了疫苗的人会不会仍然被病毒感染致死等一系列问题至关重要。

那么,答案到底是哪一个?我们可没有一百个地球,也没有时间机器,不过我们可以研究临近岛屿上的物种是如何进化的,甚至可以在实验室里反复再现。这一系列的研究能够让我们对巧合在其中扮演的角色有更深入的认识。

重要的问题优先解决。进化的确开始于偶然的事件——变异。然而,并不是所有变异都能够继续进化:恰恰相反,决定它们的存亡的是自然选择——优胜劣汰,适者生存。换句话说,偶然事件负责提出各种主意,有的好有的坏,然后由冷酷无情的大自然从中挑选出适合继续繁衍生存的个体。

据此,许多生物学家坚称,变异虽然是随机事件,但进化不是。其中最有名的要数理查德·道金(Richard Dawkins)。对于那些尚未理解进化论的基本概念的听众而言,这个说法听上去似乎很有道理。然而在进化的历程中,即使自然选择牢牢地把住了方向盘,巧合仍然在其中大显身手。

以流感病毒的演化为例。我们可以相当确信地预言,再过几年,病毒表面的一个名为血细胞凝集素(haemagglutinin)的蛋白会产生变异,使得人类的免疫系统无法识别并攻击病毒。不仅如此，西雅图弗雷德·哈特金森癌症研究中心（Fred Hutchinson Cancer Research Center）的进化生物学家特雷弗·贝德福特（Trevor Bedford）还十分肯定，能够使新一代病毒躲过人体免疫系统的变异会发生在表达血细胞凝集素蛋白的基因序列上的七个关键点之一。据此看来，流感病毒的进化是非随机、可预测的。

然而，究竟是七个关键点中的哪一个会产生怎样的突变，我们无从得知，只能听天由命。贝德福特说，提前一到两年预判流感病毒的演化方向几乎是不可能的。这也是为什么疫苗制造商并不总是能够及时推出正确的疫苗，为什么有的时候疫苗根本无效的原因。

不仅如此。虽然自然选择十分重要，但它的能力也是有限的。适者并不总是能够幸存，进化的路径本身便充满了意外。比如说，如果没有一颗陨石的坠落，我们这些哺乳动物可能仍然在为了躲避恐龙而东奔西走（见“带来希望的小行星”）。再比如，若数百万年前掉入遥远的加拉帕戈斯群岛的是另一种鸟，我们现在谈论的就不会是达尔文雀（Darwin’s finches）而是达尔文乌鸦了。

我们早已知道，新的物种具有较低的基因变异能力。然而研究表明，这一“始创效应”（founder effect）或许比想象中更为重要。例如，有一群小鸟是生活在大西洋塞瓦耶什岛（Selvagem）和马德拉岛链（Madeira island chains）上的数种伯代鹨（Berthelot's pipit）的祖先，而这些鹨不论是喙、腿还是翅膀的形状和大小都差异悬殊。

当东安格利亚大学（University of East Anglia，位于英国诺里奇）的刘易斯·司珀金（Lewis Spurgin）研究这几类鹨时，他本期望发现能够解释这些差异的环境因素，但他的期待落空了。于是他得出结论：不同种类的鹨之间体型上的差异并非由自然选择导致，而是由若干初始条件造成——换句话说，就是历史上的偶然因素。

始创效应甚至能够不借助自然选择而产生新的物种。现在北卡罗来纳大学（位于查珀尔希尔）的丹尼尔·马图特（Daniel Matute）培养了一大批果蝇，并人为地制造了一千对性状上略有差异的雌雄个体种，分别放在独立的玻璃容器中繁殖。他发现，由于近亲繁殖，大部分个种都灭绝了；但有三对个体种幸存了下来，它们繁殖出来的后代表现出与母种显著的差异，以至于更加难以与母种群杂交——这是新物种诞生的第一步。

这类效益能够解释为何夏威夷岛上的果蝇种类有如此之多。实际上，有少数生物学家猜想，物种分化本身便是一种偶然事件，而非由自然选择驱动的必然过程。

更多表明自然选择过程之局限性的证据来自基因。基因上布满了由偶然导致的结果。人类基因中的相当一部分都是毫无用处的，尽管有许多人反对这种说法。印第安纳大学的（Indiana University，位于布卢明顿）的进化生物学家迈克尔·林奇（Michael Lynch）称，之所以会有这么多无用的基因，是因为自然选择不足以将其剔除。当种群的个体数量较少时，即使是后果略微有害的变异，也能够因偶然事件而迅速在种群内传播。

这类基因偏差真的重要吗？至少在某些时候，它的确重要。芝加哥大学的乔·索恩顿（Joe Thornton）试图将时针回拨，重演进化的过程，以观察它是否会朝不同的方向演化。这有点类似《侏罗纪公园》（*Jurassic Park*），只不过他培育的不是已经灭绝的动物，而是远古的蛋白质。他率领的小组从活着的脊椎动物出发，这些动物各自具有某类基因，用于表达感知压力荷尔蒙皮质醇（cortisol）的蛋白质。通过比较不同动物的这一段基因，研究小组可以知道这个蛋白质是如何从原本用于感知另一种激素的蛋白质，历经数亿年的演化而成为了现在这个形态。

在此基础上，索恩顿的小组进一步深入研究。他们的确制造出了若干种远古蛋白质，然后测试不同突变方式会造成怎样的结果。蛋白质历经五次突变，成为了现在感知皮质醇的蛋白质：其中，有两次突变赋予了它识别皮质醇的能力，另外三次突变则让它“忘记”了原本能够感知的激素。

然而，当小组对蛋白质人为地施加仅这五次突变时，蛋白质却变得不稳定，并分解了。他们发现，只有在另外两次让蛋白质稳定下来的突变发生之后，蛋白质才会发生转变而识别皮质醇。但这两个“放荡不羁”的突变本身并不会带来任何有益的后果：它们必然是偶然产生的，而非通过自然选择。

“我们认为，这些自由的变异就像一扇扇打开的大门，给进化提供了本不存在的道路。”索恩顿说。而对于通往与皮质醇结合的大门只有一扇。索恩顿测试了数千种其他的突变方式，然而无一成功。“在远古蛋白质的周围没有任何能够帮助打开那扇门的东西。”他说。

在索恩顿看来，进化的道路通常——当然，并不总是——依赖于这类乍一看去不甚起眼的偶然事件。他补充说，从这个角度上讲，进化与人生有许多相似之处：一个看似无关紧要的决定，例如在今晚而非明晚去参加一场晚会，就有可能让你与心上人邂逅，并永远改写你的人生。

再一次地，我们在意的对象鲜少能够改写历史的进程。虽然上述研究都表明巧合在进化中扮演的角色比想象中关键得多，然而更重要的问题是，从长远来看，它究竟带来了多少改变。各个物种选择的进化道路可能十分依赖于巧合，然而总的来看它们的结果却是相近的。例如，飞行和游泳的方式只有那么几种，所以许多不同的物种也都长出了相似的翅膀或鱼鳍。如果索恩顿的蛋白质没有演化出与皮质醇结合的能力，或许还会有别的蛋白质完成这一使命。

在进化的历史上，这种殊途同归的例子还有很多。比如，生活在北极和南极的鱼各自演化而在体内生成了防冻蛋白，工作的机理也是相同的。又者，几类不同的蛇也各自独立地演化出了分解作为食物的蝾螈体内毒液的方法。

但在加勒比海大安的列斯群岛，进化的历程却在四座独立的岛屿上分别执行了四次，并且得到了四个相同的结果。每座岛上都有两种安乐蜥蜴（Anolis lizard）：一种是长腿的，在陆地上奔跑；另一种是短腿的，攀附在枝条上。然而，所有四座岛屿上的蜥蜴都起源于同一个祖先，意味着四次进化历程的结果一致。

这是否意味着古尔德是错的，巧合在长期演化中并不占据一席之地？最接近的回答大概要数密歇根州立大学的理查德·伦斯基（Richard Lenski）进行的长期演化试验项目（Long-Term Experimental Evolution Project）了。1988年2月24日，伦斯基采取了某一类大肠杆菌的样本，然后用这些样本培育了12个新的菌落。然后，每一天——包括周末、节假日、暴风雪和基金项目汇报日——总会有人来把菌落移植到新的培养基上，保证它们的繁殖。

到现在，这项试验已经开展了近三十年，伦斯基的菌落已经繁殖了超过62000代。与之相较，智人自诞生之日起，总共只繁殖了约20000代。所有12个菌落的演化结果均类似，细胞的体积变得更大，生长速度更快，表明在有些时候，进化的确是可以预测的。

然而，即便没有任何类似小行星撞地球的外部事件，伦斯基的菌落培养的结果并不总是可预测的。其中一株菌落混合了两类菌系（lineage），二者却都存活了下来，因为它们的生长方式略有不同。另一株菌落则是在繁殖了约31500代之后，突然形成了摄取柠檬酸盐（citrate）的能力：柠檬酸盐是培养基里的一个添加成分，普通的大肠杆菌并不具备这个能力。“所有的菌落都来源于同一批样本，培养环境也一模一样，然而不同菌落之间仍然存在着差异。”伦斯基的同事扎卡里·布朗特（Zachary Blount）说道，“这些差异完全由进化过程内在的偶然性导致。”

摄取柠檬酸盐能力的突变是碰巧产生的吗，还是进化的一个必然过程？得益于伦斯基的团队在细菌每繁殖500代之后都会把每个菌落的部分样本冷冻保存，布朗特有机会找到变异前的样本，从断点处继续繁殖。他发现，所有20000代以后的样本都最终形成了摄取柠檬酸盐的能力。

显然，在繁殖到约20000代的时候，细菌发生了某种或多种变异，导致随后出现的另一种变异赋予了细菌摄取柠檬酸盐的能力——正如索恩顿的激素受体在识别另一个目标之前需要其他两次变异一样。“我们到现在仍没有发现究竟是哪里发生了变异，这太让人疑惑了。”布朗特说。只有找到变异点以后，研究小组才能知道那个变异是否给细菌带来了其他优势。然而，就算他们找到了，它在细菌获得摄取柠檬酸盐能力中也只是一个幸运的中间产物而已。

那么，如果我们在行星尺度上不断再现进化过程，又会怎样？一种可能的结果是得到大量的黏液（slime）。伦敦大学学院的尼克·莱恩（Nick Lane）猜测，复杂细胞的出现依赖于两个细胞的融合，而后者出现的几率微乎其微。如果他是对的，其他星球上很有可能遍布细菌形态的生物，却鲜少有更为复杂的生命体。

姑且让我们假设那颗星球上的生物度过了细菌阶段。然后呢？“它很有可能形成与今天的我们相似的世界，不过这取决于它会演化到哪个程度，我们以怎样的方式描述那个世界。”布朗特说。换句话说，你很有可能看到进行光合作用的生产者、捕猎者、寄生虫和分解者，只不过布朗特认为，个中细节很有可能与我们的世界或其他每一次再现的结果大相径庭。即使把整个过程重复一百次，我们也不太可能得到另一个被大脑袋灵长类统治的星球。

不过，会不会有其他具有智慧和社会形态的动物接管星球呢？有可能。“显然，在绝大多数适宜孕育智慧生命的星球上，都存在一个适应区。”芝加哥大学古生物学家戴维·雅布隆斯基（David Jablonski）说。而且人们逐渐明白，许多曾经被认为是人类独有的特性，如语言或制作工具，都以某种形式存在于其他动物中。虽然赤裸的人猿可能并不会出现在那一百个星球上，不过或许会有其他聪明的工匠们诞生。

有朝一日，我们甚至会有能力回答这个问题。人们已经发现了数千个系外行星，虽然还没有找到和我们的家园相似的星球，但所有证据都显示出在不远处存在大量类地行星。在未来，我们很有可能不只明白它们是否孕育出了生命，还会对那些生命略知一二。问题的回答，或许就藏在璀璨的繁星中。

带来希望的小行星

格雷厄姆·劳顿

大约每隔一亿年，就会有一个大家伙狠狠砸在地球上。如果这件事现在就发生，我们所有人都会消失不见。然而令人惊奇的是，我们之所以能存在于世，或许正是因为上一次的大撞击。

约6550万年前，一个直径差不多有10公里的小行星落到了今日墨西哥境内的尤卡坦半岛（Yucatan peninsula）上。被炸裂的岩石层释放出富含碳和硫的气体迅速引发了一场全球性的大灾难：火焰燃遍大陆，天空被黑暗覆盖，地球温度下降，酸雨下个不停。几个月后，恐龙——以及绝大多数生活在海洋和天空中的爬行动物（reptile）、菊石（ammonite）、大部分的鸟和陆生植物——就全部死亡了。

而对于哺乳动物来说，情况则大不相同。它们同样未能完全幸免——大约有一半哺乳动物灭绝了——但那些个头小、繁殖快、本领多，且能够从大撞击产生的泥沙碎屑中汲取养分的物种，则成功存活了下来。它们会钻地洞或者藏在深处，以此躲避了大火和酸雨。它们通常生活在具有活水的生态圈里，死亡生物的物质提供了充足的营养，故比海洋和干燥的陆地更易适应大灾难造成的变化。

这些幸存者接管了地球。随着生物圈逐渐恢复，哺乳动物填补了由恐龙和海生爬行动物灭绝形成的空缺。化石记录显示，这一波生物大爆发出现在约6500万年到5500万年前。“分子钟”（molecular clock）研究通过对比具有亲缘性的物种的基因重构物种的进化路线图，结果则表明哺乳动物的进化至少要等到大撞击发生1000万年后才会发生，与化石的研究结果略有差异。

不论如何，其中一个登场的物种便是我们——灵长类动物。这充分说明了，若当年那颗小行星没有撞到地球，现在我们也不会站在这里。

子弹般的证据

亨利·尼科尔斯

生命是否蕴含着某种随机发生器（randomness generator），使其在任何时候都能幸存呢？这个想法极富争议性，因为它引入了“表观性”（epigenetic）这一概念——不出现在DNA编码中的内在特征。不过我们知道，进化会利用一切可利用的手段，包括许多曾经引起争议、如今已被广泛接受的学说。

一个男子走进了酒吧。“我有一个关于进化论的新观点，”他说，“你们有没有纸和笔，好让我把它写下来？”酒保只是笑了笑，递给他一张纸和一支笔。然而，这个男子并没有在说笑。

男子的名字是安德鲁·范伯格（Andrew Feinberg），巴尔的摩约翰霍普金斯大学（Johns Hopkins University）的首席遗传学家。酒吧的名字是“吊死鬼”（The Hung, Drawn and Quartered），位于伦敦塔的下方。写在纸上的内容注定会从根本上改变我们对表观性、进化论及常见疾病的认识。

在走进酒吧之前，范伯格坐了一次伦敦眼（London Eye），爬上了大本钟（Big Ben），还到威斯敏斯特修道院（Westminster Abbey）逛了一圈。你或许猜到了，他正是去拜访艾萨克·牛顿（Issac Newton）和查尔斯·达尔文（Charles Darwin）安息之处。看到年轻的牛顿舒适地枕着镀金地球仪的盛大雕像，以及达尔文极尽抽象却毫不起眼的雕塑，他震惊于二者鲜明的反差。

当范伯格四处游逛时，他发现了不远处一个用于纪念物理学家保罗·狄拉克（Paul Dirac）的饰板。他顿时想到量子论和进化论，并进而联想到表观性变化（epigenetic changes）——不改变DNA序列的可继承变异——或许向基因表达中加入了类似海森堡不确定性原理一样的变数，从而增加了物种幸存的几率。他在纸上写下的内容大约就是如此。

简而言之，范伯格认为，生命具有一种内在的随机发生器，以使其在正反两方同时下注。例如，增肥的特性在饥荒时是显著的优势，但在生活充裕时反而是劣势。然而，若好日子延续较长时间，自然选择会将增肥的基因从物种中剔除。当饥荒最终降临时，物种便会被淘汰。

但，如果基因的作用效果含有一丝不确定性，某些个体或许会继续保持肥胖，尽管它们体内的基因与其他同类无异。在生活富足时，这些个体可能会早早死亡，但一旦饥荒出现，它们就会是唯一存活下来的个体。在充满变数的世界中，不确定性对于物种的长期生存或许至关重要。

这个想法具有深远的寓意。我们已经知道，基因好比一张张彩票——所有受精卵都包含数百个变异。大多数变异都不具有任何效果，但少数几处可能会产生有益的或有害的后果。如果范伯格的想法是对的，那么表观性同样依赖于运气：相较于其他拥有完全相同 DNA 片段的人，某些人可能会更容易（或更不容易）患上癌症、心脏病或精神疾病。

为了了解范伯格想法的重要性，我们需要简单回顾 19 世纪早期由法国动物学家让 – 巴蒂斯特 · 拉马克（Jean-Baptiste Lamarck）提出的，现已被广泛接受的观点："获得性状"（acquired characteristics）可以由父代遗传给子代。拉马克认为，如果一只长颈鹿总是努力伸长脖子吃到高处的树叶，那么它的颈部会被拉长，而且它的子代的颈部也会比较长。

与许多记载的故事不同，达尔文也有着类似的想法：生物身处的环境会导致其遗传性状的改变。根据达尔文的泛生论（pangenesis）假说，这些获得性的改变可能有害也可能有益——如果父亲酗酒，儿子就会得痛风。自然选择留下了有益的改变，淘汰有害的。实际上，达尔文相信，获得性改变为自然选择进化提供了必要的个体差异。

直到达尔文去世，泛生论也没有得到世人的认同。进入 20 世纪后，人们明白 DNA 是生物遗传的根本所在，突变导致的碱基序列改变是个体间存在差异并接受大自然筛选的原因。辐射等环境因素会造成突变，突变会传递给子代，但突变导致的后果则是随机的。而获得性改变是个体花费一生时间学会的适应性，生物学家拒绝认为它可以被遗传。

然而，即使是在上一世纪，人们也发现了许多以不符合 DNA 遗传之解释的方式传递给后代的性状。例如，当给怀孕的老鼠注射一种名为乙烯菌合利（vinclozolin）的杀真菌剂时，其雄性后代的繁殖能力降低，且该特征至少延续了两代；然而已知该杀真菌剂并不会影响雄性个体的 DNA。

现在已没有人怀疑，即使 DNA 没有变化，环境因素造成的影响仍然可以传递给后代。从临时的 DNA“标签”、DNA 缠绕的蛋白，到精子或卵子细胞中存在的某些特定的分子，人们发现了许多不同的表观机制。

引发争论的是表观性改变在进化历程中起到的作用。少数生物学家——其中以以色列特拉维夫大学（Tel Aviv University）的埃娃·雅布隆卡（Eva Jablonka）最为知名——认为，环境引发的表观遗传变化（inherited epigenetic changes）是一种适应的表现。他们将其形容为“新拉马克式”（neo-Lamarckian）进化，有的人甚至声称这一过程暗示着我们应对主流的进化理论重新加以思考。

虽然这些观点引起了许多人的兴趣，但绝大多数的生物学家仍不以为然。反对者称，适应性改变可通过表观机制传递给后代这一想法的问题在于：同基因突变一样，绝大多数的表观遗传变化由环境因素导致，且变化的后果是随机的——经常是有害的。

获得性改变的遗传性可以最多被看作是个体差异的一种来源，不同的个体随后通过自然选择实现优胜劣汰。这一观点比起拉马克所说的“动物的渴望足以塑造后代的形状”，更接近于达尔文的泛生论。然而它仍然存有诸多疑难，因为获得性改变极少能够延续一代以上。

虽然表观性变化能够在生物体的一生时间内从一个细胞传递给另一个细胞，但它通常不会传递给下一代。“产生生殖细胞的过程通常会清除掉外显标记，”范伯格说，“表观上来看，你得到的是一份干净无比的记录。”如果外显标记无法存续很长时间，我们便难以了解它们在进化过程中是如何起到重要作用的——除非它们的关键是不稳定性而非稳定性。

与雅布隆卡等生物学家设想的“编码特殊性状的另一种方式”不同，范伯格“对进化论的新视角”把外显标记当作是引入基因表达方式的某种随机性。他认为，在瞬息万变的环境中，能够产生出表达方式各有不同的后代的物种，是最有可能在经历了进化的重重荆棘后幸存的。

这个“不确定性假设”正确吗？有证据表明，表观性变化可以解释用基因突变或环境因素无法说明的生物体许多性状的改变。例如，龙纹螯虾（marbled crayfish）的不同个体，尽管拥有完全相同的基因，生活在同一片环境中，却仍在颜色、成长、寿命、行为等许多特征上都表现出了令人吃惊的差异性。2010 年的一项研究显示，人类的双胞胎中也存在相当显著的表观差异。基于这项发现，研究者猜想，在解释双胞胎之间差异的问题上，随机的表观差异实际上比环境因素“重要得多”。

范伯格与他的同事，来自哈佛大学的生物统计学家拉斐尔·伊利扎里（Rafael Irizarry），进行了更多的工作，提出了更多证据。其中一个主要的表观机制是向 DNA 中添加甲基（化学式为 CH_3）。范伯格与伊利扎里研究了老鼠体内 DNA 甲基化的规律。“老鼠们都是同一只雌鼠生育的后代，生活环境、食物、水源，包括关着它们的笼子也一模一样。”范伯格说。

尽管如此，他和伊利扎里仍然从基因组中找到了数百个位置，这些位置的甲基化模式在不同个体的同一个组织中相差极大。有趣的是，人类身上同样存在这些可变区域。“不同个体、不同种类细胞、同一种类中的不同细胞、同一细胞的不同阶段中，甲基化模式都不尽相同。”伊利扎里说。

伊利扎里列出一份至少在理论上可能受到甲基化影响的区域所对应的基因列表。看到结果后，他大吃一惊。那些表现出高度表观可塑性（epigenetic plasticity）的基因大多都与调控身体的基础成长与发展有关。“这违反直觉，令人震惊。我没想到这些变化竟会发生在如此重要的基因上。”范伯格说。

结果证实了猜测：DNA 的表观变化或许会模糊基因型（生物的基因构成）与表观型（生物的外观与行为）之间的界限。“这可以解释为什么在成长过程中基因的表达方式会如此多样。”耶鲁大学的进化生物学家金特·瓦格纳（Günter Wagner）如是说。但这并不意味着表观变化是适应环境的表现：“目前尚没有针对这类机制可能起作用的条件的研究。”

在伊利扎里开始与范伯格共同研究时，他编写了一段计算机程序来帮助自己理解。一开始，他模拟了一个固定不变的环境，结果发现长得高的个体更具优势。“高个子的人更容易存活，并具有更多后代，最终所有人都长得很高。”他说。

然后，他又模拟了一个变化的环境，有的时候个子高具有优势，有时则是个子矮。“如果你是一个高个子的人，而且后代也都是高个子，那么你的家族很有可能会灭亡。”在此环境中，经过长期演化后，唯一的幸存者是能够产生不同身高的后代的家族。

这个结果毫无疑问。“理论上可知，若存在只产生一种表观型的机制和促成‘随机’表观型变化的机制，后者更容易被选中。”牛津大学发育生物学家（developmental biologist）托比亚斯·乌勒（Tobias Uller）如此说。然而，证明某个事情在理论上可行是一回事，表明甲基化的多样性提高了生存率因而参与到了进化中则是另外一回事。

芝加哥大学的一位进化基因学家杰里·科因（Jerry Coyne）更为直接，“目前没有任何证据表明甲基化的差异是可适应的，不论是在一个还是多个物种之间。”“我明白表观性是一个很有趣的现象，但眼下它被强行地融入了进化论。我们根本没有开始思考表观性究竟是什么。它或许占有一席之地，但绝不会占据太多。”

然而，在麻省理工学院的苏珊·林德奎斯特（Susan Lindquist）看来，这一想法美妙无比，且十分合理。“表观性不只会影响特性，而且还会使其发生更大的变化，形成更显著的表型多样性”（phenotypic diversity）。她说。更显著的表型多样性意味着不论环境如何变化，物种都会更容易生存下来。

林德奎斯特研究的是朊病毒。朊病毒不仅可以在两种状态之间切换，而且一个朊病毒可以将自身的状态传递给另一个朊病毒。这种病毒以引发疯牛病而为众人所知。然而林德奎斯特认为，它们同样为生物在进化中“两边下注”提供了另一种表观机制。Sup_{35} 是细胞生成蛋白质的过程中必须的一种蛋白质。林德奎斯特说，在酵母菌中，Sup_{35} 倾向于转变为自发地、或在环境压力下聚合在一起的状态，从而改变细胞生产的蛋白质。某些改变对细胞是有害的，但她与同事发现，它也能让一些酵母菌细胞在本会致死的环境中存活下来。

雅布隆卡虽然相信表观标记通过“新拉马克式”继承的方式在进化中扮演重要角色，但也仍然欢迎范伯格与伊利扎里的工作。“集中研究生活在高度变化的环境中的生物可能会很有帮助，”她如此建议，“我们或许能观察到更多的甲基化现象，更多的变化性，以及这些变化向下一代的传递性。”

范伯格的想法固然令人惊讶，但它并不改变主流的进化论观点。“这纯粹是种群遗传学问题。”科因说。有益的变异，即使它的表达不甚明了，也会留存下来。如果范伯格是对的，那么进化所选择的便不是表观特性，而是产生表观差异的基因机制。这一机制或许会完全随机地引发改变，或许会受制于环境因素，抑或是二者兼而有之。

范伯格预测，如果病毒也具有由该机制引起的表观变化，这种变化很有可能出现于肥胖或糖尿病等疾病中，因为具有在波动的环境中存活的机制的族系最终会在进化中幸存下来。数年前，他与伊利扎里以及其他同事们研究了在 1991 年和 2002 年分别采集于冰岛同一批住民的血液样本中白细胞 DNA 的甲基化，并从中识别出超过 200 个甲基化的位置。

为了检测这些发生变化的区域是否与人类疾病有关，他们尝试寻找甲基化密度与体重指数之间的相关性。他们发现，有四处变化与之相关，它们都位于已知调控体重或血糖的基因上。范伯格视之为一线希望。他说，如果随机的表观变化的确在人类罹患疾病中起到重要作用，解明其中的原因或许比我们想象中要简单许多。关键在于把基因分析与表观测量结合在一起。

范伯格率先承认自己的观点可能是错的。但他仍然兴奋于付诸实验以检验。他猜测，或许它正是理解进化、发育与疾病之间关系的一条线索。“或许它真的很重要。”他说。

添加噪声

劳拉·斯平尼

我们习惯将随机的噪声信号视为一种问题。然而，在许多系统——包括生物系统和工程系统——中，噪声实际上大有裨益。若没了它们，你的大脑很有可能无法正常工作。

噪声通常是令人讨厌的。任何一个住在飞机航线下方或者尝试收听远方的AM无线电频道的人都对此深有体会。然而对工程师来说，噪声信号的随机涨落可谓天赐的礼物。

在第二次世界大战中，空勤人员需要计算任务的飞行路线和抛下炸弹的轨迹。他们发现，手中的仪器在天上表现得要比在地上更好。空军工程师很快便明白了各种原因：当飞机在空中飞行时，机翼会在很宽的频段上发生振动，其中某些频率恰巧与仪器中各种活动部件的共振频率相同，相当于给了那些零件额外的力，使其更加顺利地滑动。为了弄清楚究竟是哪个频率在起作用，工程师们建造了许多小的振动马达，放入仪器中，以期发生共振。这是抖动，或者说人为的噪音，在工程中的最早应用。

如今我们发现，进化用了相同的方法打造出我们：生物已经在利用随机信号获得好处。在某些情况下，一点噪声会提高生物对环境的感知能力。例如，小龙虾（crayfish）在湍流中比在静水中能更好地探测到目标鱼儿的鳍的摆动。人类在识别屏幕上图像时，若向图像添加一些人为的噪点，识别率会更高。

在以上例子中，噪声源于生物体的外部，却激发了令人惊奇的可能性：进化是否将抖动加入到了大脑当中？一组神经学家声称回答是肯定的，他们发现了一些“天生躁动”的神经回路。如果这个小组的结果是正确的，那么抖动或许便是自然界中一个常见的性质。

工程上，噪声被定义为含有许多不同频率的宽频信号。例如，一段白噪声便是由人类听得到的所有声音频率构成，从高到低，每个频率的信号量相等。有意义的信号与之相反，它的能量只集中在相当窄的频带之内。

噪声能够提高模糊信号的识别率，这一现象被称为随机共振（stochastic resonance）。随机共振只发生在非线性系统中，这类系统的输出与输入并不成正比。神经元便是非线性系统的典型例子。只有当细胞膜电位达到一定阈值，它才会释放电流脉冲。在这样的系统中，一个本低于触发阈值的弱信号，可能被外界的噪声信号提升到阈值以上。

许多理论模型认为，随机共振能够增强神经元处理信号的能力，实验也证实了在特定情况下，加入额外的噪声可以提高大脑的能力。随机共振可以解释为何水中的紊流会帮助小龙虾的感觉毛发细胞更好地发现远处的鱼儿，以及为何噪声可以帮助人类识别模糊的图像。自那以来，额外的噪声便被用于提升人类的表现，比如在人工耳蜗中帮助拾取微弱信号，或在振动鞋垫中减轻中风患者的摇摆。

然而一直以来，人们没有发现任何证据可以表明，大脑会自己产生噪声以达到随机共振。终于，牛津大学的一位神经学家格罗·米森伯克（Gero Miesenböck）认为，他找到了大脑中的一个回路，是果蝇（Drosophila）的嗅觉系统的一部分，专门用于产生噪声信号，以此增强大脑的功能。他说，这一发现暗示着人类大脑中或许存在同样的结构，因为果蝇的嗅觉系统的基本结构不仅常见于所有昆虫，也常见于一切脊椎动物——包括人类。

米森伯克并不是为了研究噪声才进行了这项实验。他本来是想要解决困扰研究嗅觉系统的学者们长达数年的谜题。

果蝇的嗅觉系统是一块庞大的神经回路。它起始于果蝇的触须，由约 1200 个嗅觉感受神经（olfactory receptor neurons，ORN）构成，每一个神经元携带一种气味受体分子（odour-receptor molecule）。果蝇总共有约 60 种不同的受体分子，也就是约 60 种 ORN。

这些感受气味的 ORN 从触角出发，汇集于名为血管球（glomeruli）的节点，并与投射神经元（projection

neuron）形成突触连接。每一个血管球只接受来自一种ORN的信号，于是长期以来，神经学家假定每一个传递神经元也只会对一种气味做出反应。

但在数年前，神经学家们发现事实并非如此。对每一个独立的传递神经元的电信号记录显示，有时它们会对连接的ORN能够识别的气味以外的其他气味做出反应。

可是，如果每一个血管球只接收来自一种ORN的信号，这又是如何发生的呢？数年前，当米森伯克任职于耶鲁大学医学部时，他与同事尚玉华（Yuhua Shang，音译）一同试图解开这个谜题。

他们选择了一只突变型的果蝇，它的其中一种血管球没有与任何ORN连接。当寻找传递神经元的其他信号输入源时，他们发现了前所未闻的一个“中间神经元”（interneurons）网络，用于连接各个血管球，并在它们之间传递活动信息。这些“兴奋性局部神经元”（excitatory local neurons）似乎当嗅体感受到气味时，就会产生一种弥散的刺激，输入给传递神经元。

这回答了眼下的问题，同时引出了另一个问题：它为什么会向系统中加入会破坏气味受体与传递神经元之间精确映射关系的东西呢？“这看上去不符合直觉，”米森伯克说，“为什么要把清楚分明的输入信号加上噪声变得模糊后再输出呢？”他认为，添加的噪声信号是有某种作用的。或许兴奋性局部神经元故意向系统添加噪声，利用随机共振使模糊的气味更易被辨别。

考虑到信号输入感官后发生的现象，这个解释是说得通的。传递神经元将信号传递给另一种叫作凯尼恩细胞（Kenyon cells）的神经元，后者位于果蝇大脑内名为蕈形体（mushroom body）、用于学习与记忆的结构当中。每一个凯尼恩细胞都会从许多个传递神经元接收信号，但它们的触发阈值极高，只有当大量输入神经元同时发送信号时才会做出响应。由于传递神经元更容易被与其种类相关的气味类型激活，每个凯尼恩细胞只会对某一种气味做出反应，从而令系统复原特殊性。

米森伯克的小组同样受到 1983 年发表的一篇论文的启发。该论文的作者是马克斯·普朗克神经生物学研究所（Max Planck Institute of Neurobiology，位于德国马丁斯瑞德）的亚历山大·博斯特（Alexander Borst），文章描述了与血管球相连的一个抑制性局部神经元（inhibitory local neurons）网络。米森伯克认为，这个网络也许对兴奋性神经元产生了相反的效果，降低了来自 ORN 的强烈信号。

那么，大脑为什么要增强弱信号，而抑制强信号呢？米森伯克猜测，这一机制用于减小气味造成的信号之间过大的差异。“一朵玫瑰，不论是从远处飘来的模糊花香，还是凑到鼻子下面闻到的香味，都要让人能够感受并识别出它是一朵玫瑰。”他说，“其中必定有某种机制来消除气味造成的信号变化。我们认为，中间这一环节存在的目的正是于此。”

米森伯克的小组尚未完全证实“故意的噪声”假说，但他们正在进行研究。他们希望能够通过修补局部的神经元来弄清楚如何调整噪声信号的大小。米森伯克预计，将噪声降低或彻底消除，会导致弱的气味信号更难激活凯尼恩细胞。另一个想法是，果蝇会从行为上对弱的气味做出更消极的反应，这可以通过观察它们对难闻气味的躲避行为来验证。

然而，这种控制方法相当繁琐而困难，其中一个原因是研究人员不知道果蝇的大脑中有多少局部神经元。为了观察到设想的状况，他们需要对其中的大部分细胞进行调整。

如果这个方法成功了，他们就会尝试证明哺乳动物的大脑中也会发生同样的过程。然而同在牛津大学的托马斯·克劳斯伯格（Thomas Klausberger）说，在哺乳动物的大脑中寻找相当于果蝇局部神经元中产生噪声信号的细胞是一项极大的挑战。克劳斯伯格在老鼠大脑的海马区（与学习和记忆行为相关的结构，类似于昆虫的蕈形体）发现了许多新种类的中间神经元。他指出，仅仅是一个单独的区域，便含有至少 21 种不同的中间神经元。

1993 年关于小龙虾的研究是由密苏里大学（位于圣路易斯）的生物物理学家弗兰克·莫斯（Frank Moss）完

成的。莫斯一直猜测，动物可以利用随机共振提高自身的繁殖成功率，米森伯克的发现给他留下了深刻的印象。

莫斯的研究内容包括首次证实外部的噪声刺激可以引发随机共振。他使用匙吻鲟（paddlefish）进行试验，这种鱼类通过口鼻部的电子传感器探测猎物（浮游生物）释放的微弱电子信号。莫斯把一只匙吻鲟放入水箱里，水中含有浮游生物，以及两个电极，用于形成随机变化的电场以释放噪声信号。当测量噪声的效果时，他发现当噪声信号的幅值达到一定程度时，鱼儿捕获浮游生物的成功率显著提升。

中等程度噪声下的最适表现是随机共振的一个显著特征。若噪声太小，则无法达到阈值；若太大，则会淹没原信号。若用曲线表示不同程度的噪声带来的好处，它会像一个倒过来的 U。

莫斯立刻将注意力放到一种被称为水蚤（Daphnia）的水生甲壳纲动物上。他相信，这些水蚤提供了揭示内在随机共振的另一缕线索。

水蚤具有独特的搜寻行为：它先快速移动一小段距离，停下来，转过一定角度，然后继续移动。转角的大小每次都不同，在肉眼看来是随机的。

然而莫斯却另有看法。他和同事们拍摄了五种不同水蚤在浅水中觅食的影像，然后逐一测量每次转角的大小。当把每个角度出现的频率绘制成曲线图时，他们发现转角的大小并非完全是随机的，有些角度比其他的更为频繁。角度的整体分布在数学上可以用“噪声强度”（noise intensity）这一参量描述，而后者通常用于表示信号的随机性程度，或者说其中包含了多少噪声。

接下来，他们通过计算机模拟不同噪声强度下水蚤的搜寻行为。他们发现，当把噪声强度的大小设定为实际测量到的信号值时，计算机模拟的觅食策略表现出最佳效果。若把参数值调大或调小，觅食的成功率就会下降，与随机共振的倒U型曲线符合得很好。虽然尚没有人知道水蚤是如何决定转角的大小的，但莫斯的小组认为，这是随机共振出现在生物体上的另一个例子，它必定是在水蚤的体内产生的，很有可能是在大脑里。他相信，最佳的噪声强度必定是自然选择的产物，因为在该强度下，水蚤能获得更多的食物，使自身保持最佳的状态。

然而，生物系统利用自身产生的噪声这一说法仍然受到质疑。其中一个问题是，果蝇的局部神经元产生的信号到底是不是真正的噪声。洛杉矶南加州大学（University of Southern California）的电子工程师、《噪声》（*Noise*）的作者巴特·科斯克（Bart Kosko）不认为那并不是噪声。

噪声有着明确的数学定义，在一个复杂的生物系统中存在的看似噪声的信号在很多情况下实际上是来自其他地方的特定信号。“我们需要确定‘噪声’源，并检查它的信号是否具备噪声的统计学特征。”科斯克说。如果它不是真正的噪声，那么根据定义，我们观察到的就不是随机共振。

纽约大学的神经学家乔治·布扎基（György Buzsáki）则更进一步声称，如果确有什么东西放大了微弱信号使之激活大脑，它一定不是噪声。“产生噪声的代价很大，”他说，“一个好的系统，例如我们的大脑，很难负担得起。”

布扎基同意米森伯克的说法，认为调节哺乳动物大脑活动的可能是一个形似噪声的信号，但前者称我们没有必要引入特定的噪声回路来解释，而是应借助于大脑中自发产生的神经元活动。

神经元的活动分为两种，一种是自发活动，另一种是受激活动。前者的产生与外界的刺激无关，后者则是源于外界刺激。神经学家们对自发活动很感兴趣，因为它提供了人类大脑中高级精神活动的一种可能机制。自发活动可以遍及神经元网络的任何一个角落，并使同步神经元的放电频率达到每秒 40 个脉冲。这类波动被称为伽马波（gamma wave），人们认为它可能是不同认知过程结合在一起产生感知或其他能力的一种方式。

布扎基认为，微弱的输入信号可以与神经元自发活动产生的波动信号叠加在一起，从而超过阈值。这是一个增强弱信号更有效率的方式，因为自发活动消耗的能量更少。

当然，二者之间存在高度的相似性：它们都需要一个额外的信号来抬升原信号。“原理是一样的。”米森伯克说。但其中具体的细节至关重要，不仅为了能够更好理解大脑工作的基本原理，也为了我们未来能更好地利用随机噪声和随机共振现象，例如在人工视网膜等信号感知领域。

自然选择是否赋予了大脑内在的噪声生成器，还是让它具备将其他神经信号借来当作噪声的能力？恐怕我们还要等更长时间才能回答。不论如何，果蝇的大脑离不开一点点噪声，我们的大脑很可能亦是如此。

任性的猿猴

迪伦·埃文斯

一个用随机性得到进化优势的方法是以异常的方式思考行动。这或许甚至是人类创造力的根本来源。

每个人的心中都驻扎着一位古希腊的神明——普罗透斯（Proteus），他通过不停变换外貌而躲过敌人的追捕。人类虽然无法随心所欲地变形，但面对敌手需要施展诡计时，我们行无定常的天赋便是绝无仅有的了。

一只兔子，若被狐狸追赶，会沿着一条不规则的线路迂回躲避，而不是沿着直线逃跑。其他动物也会使用不同的随机行为来躲避捕食者或是抓住猎物。然而，人类是唯一一种会在彼此之间的竞争中将不可预测性用作武器的动物，不论那是一场足球比赛还是在国际间的外交对抗。

这类行为一直被人忽略。但研究人员已经明白，我们不只可以随心行事，而且做出这些行为绝非毫无目的。不可预测的行为或许是为了将对手蒙在鼓里而逐渐演化形成的特性。这可以解释我们的一些最奇怪的行为（例如突然的情绪变化），而且还为理解人类智力的演化提供全新的视角。令人惊奇的是，对随性举动的高度敏感性甚至还可能是一个天降的火花，点燃了一只猿猴进化的导火索，使其适应了大草原的生活，粉刷了西斯廷教堂[①]，设计了航天飞机，并发明了夺人耳目的标语。

英国生物学家迈克尔·钱斯（Michael Chance）于1959年在伯明翰大学任职时，创造了短语“欺骗行为”（protean behaviour）。然而对该现象的进化论解释却是在最近才提出的。它起源于英国的两位行为学家彼得·德赖弗（Peter Driver）与戴维·汉弗莱斯（David Humphries），两人观察到，许多动物具有认知能力，以预测它们的竞争对手或天敌的行为。接下来，自然选择会使做出更难以预测的动作的个体存活，从而让对手演化出更强大的预测能力，进化的军备竞赛就这样愈演愈烈。

有两个方法能让你的动作更加难以预测：隐藏真实意图，给出错误信号。然而面对敌人更为强大的感知机制，这两个方法依然脆弱不堪，故从进化的角度来讲并非可持续的策略；换句话说，军备竞赛会继续升级。在众多的争论中，唯一能够停下升级势头的方法，便是借用博弈论中的“混合策略”，它基于概率做出抉择。如此以来，再聪明的预言家也将无法取胜。

在第二次世界大战中，潜艇指挥官想到了这一方法，于是指挥官依靠投掷骰子的点数来确定巡逻的路线，并以此躲避敌军。在自然界中，与天敌之间的互动也经常遵循

① Sistine Chapel，位于梵蒂冈宗座宫殿，建筑内绘有《创世记》《最后的审判》等著名壁画。——译者注

此方式。例如，玉筋鱼（sand eel）遇到捕食者时，会立刻聚集在一起并快速游动。然而，若是在狭窄的水塘中，它们则会采取截然不同的方法——鱼群会分散开来，每条鱼都会朝着随机的方向游动，借以迷惑敌人。

德赖弗与汉弗莱斯意识到，欺骗行为很可能是普遍的，因为它为物种带来了竞争优势。他们开始了寻找，并很快发现它遍布四方。鸥（gull）面对入侵者时，会发动群体攻击，从四面八方猛地俯冲下来，以保护鸟群的领地。当黑斑羚群遭到骚扰时，它们会沿螺旋线跑动，并向四面八方冲撞。

欺骗同样可以解释捕食者和猎物之间更为奇怪的互动。许多鸟会假装受伤，以引诱天敌远离满是雏鸟的巢，并利用速度和方向的突然变化，让雏鸟不会受到威胁的同时，保证自身的安全。另一个奇怪的现象——蛾、蜥蜴和老鼠在遇到袭击时会假装抽搐或痉挛——同样可以解释为是一种转移敌人注意力的方法。

人类也会为了竞争而欺骗。不过，当生物学家观察人类时，他们发现人与其他动物有着重大区别：一个人的竞争者总是另一个人。杰弗里·米勒（Geoffrey Miller）是阿尔伯克基新墨西哥大学的一位心理学家，他强调了这一点，并认为我们祖先在行为上的改进正是我们形成独特认知方式的关键所在。我们能够随机思考的天赋甚至还可能是创造力的源泉，并让我们有别于其他动物。

米勒的想法建立在“狡猾的智慧”（Machiavellian intelligence）这一理论上，该理论认为人类智慧进化的主要驱动力是预测并操纵他人行为的需求。为了应对社会环境而催生的特殊认知能力通常被称为社交智慧，其中包括精巧的骗术和识别骗术的能力，但并不包括欺骗行为。米勒称，与许多其他动物相同，我们的猿猴祖先具有基本的随机行动的能力，借以躲避天敌。但是，从猴子到人猿再到原始人类的转变过程中，欺骗能力通过社交智慧的正反馈得到提升，因为欺骗同类比欺骗其他动物变得更为重要起来。其结果，就是欺骗在社交智慧中占据了核心地位。

为了说明欺骗行为是如何形成并演化的，米勒举了一个例子。假设我们的祖先可以从两个策略中选择一个来设定自身的愤怒阈值，即何时会发脾气。在“老实人”策略中，愤怒阈值是固定的，具有该策略的个体只会当感受到超过预设忍受值的羞辱时才会发脾气。而在“疯狗”策略中，愤怒阈值是随机变化的。有时即使受到相当难堪的羞辱时也不会愤怒；有时哪怕只是被打扰一点点也会大发雷霆。哪一个策略更有效呢?

如果使用老实人策略，其他同伴便会很快学习到你的愤怒阈值，并总是让你维持在临近发火的边缘。但若是疯狗策略，无论多么微不足道的羞辱都可能会引发报复行为。不仅如此，使用该策略的个体并不需要浪费时间惩罚每一次受到的羞辱，因为不确定性帮助解决了很大一部分工作。只要偶尔毫无来由地发火，人们就会对你敬而远之。可见，为了赢过竞争者，疯狗策略更为有效。

“这或许可以为解释心情的本质提供一些线索。”米勒说。当某个人因本可以一笑而过的些微小事怒不可遏时，我们通常会假设某些特殊的事情激发了他的坏心情。但米勒认为，某些心情可能并非由任何特定的刺激引发。“它可能只是我们情绪状态的随机调整，”他说，“我们倾向于让心情飘忽不定，这可能就是一种欺骗行为，让自身变得难以预测和掌控。”

但，我们果真是天生的随机人吗？在20世纪，大多数心理学家们基本上认为人类无法做出完全随机的行为。有许多研究似乎已证实，做出一系列随机的反应是不可能的——或者至少是极为困难的。但大多数此类试验的环境都是人工设置的，而且没有竞争。研究人员通常只是要求被试者在孤立的环境下写一组数字，并发出诸如“尽可能随机”等的指令。若确如米勒所说，人类的欺骗性是为了战胜其他人类而形成的，那么在上述环境下，被试者无法表现出随机性便也不足为奇。“心理学家未能充分挖掘我们天生的随机能力，因为他们没有让被试者处于能够展现该能力的社交环境中。”米勒说。

于是在1992年，两名以色列的心理学家开展了一项测试，通过面对面的竞争来激发潜藏的随机性。福德汉姆大学（Fordham University，位于纽约州）的戴维·布代斯库（David Budescu）与加州大学河滨分校（University of California， Riverside）的阿姆农·拉波波特（Amnon Rapoport）让被试者参加一个名为“碰便士”（matching pennies）的游戏。游戏的规则很简单，甲乙两名玩家持有等量的硬币，每一回合双方将一枚硬币同时放在面前的桌子上。若双方硬币的图案相同（同为正面或同为反面），则两枚硬币归甲方所有；否则归乙方所有。

双方获胜的目标相反，但他们都可以通过预测对方可能会出的图案，并避免让对方猜到自己要出的图案来增加胜率。从数学上讲，最佳的取胜策略是以完全随机的方式放出等量的正面和反面图案。如此一来，从长远看，对方将无法获得优势。而这恰是布代斯库和拉波波特观察到的结果：两名玩家没有收到任何指示，但给出的硬币正反面的序列却极为接近数学上的随机。

另一个暗示随机性是人类内禀天分的证据来自里德大学（位于俄勒冈州波特兰市）艾伦·纽瑞格（Allen Neuringer）的工作。他证实了人类在获得回馈时可以学会生成随机序列。在一项实验中，纽瑞格要求学生们在计算机终端上生成由 1 和 2 构成的一百组数对。然后，他计算每种数对（1–1，1–2，2–1，2–2）出现的次数，若它们大致相等，就会告诉学生做得很好，否则告诉他们继续改进。在第一次试验时，数对总是非随机的；但经过若干次反馈后，学生们给出的数对呈现出越来越好的随机性，直到无法与计算机生成的数对相区别。

哪怕是一只老鼠，只要经过训练并以食物作为奖赏，也能学会按下杠杆。那么，学生们学会了制造随机数对，这很值得惊讶吗？米勒说：是的。老鼠的行为是条件学习的典型例子，即通过正确的反馈来学习新技能。但条件学习的本质是逐渐剔除随机变量，最终建立一个明确的因果关系。“这种做法永远无法增强随机性。”因此，他得出结论：人类的思维中必定存在某种内禀的随机机制。萨塞克斯大学（University of Sussex）的约翰·梅纳德·史密斯（John Maynard Smith）使用“大脑中的轮盘赌”来比喻这个机制。他指出，任何过程都能产生效果等同的随机序列，因此大脑会表现出随机性也就不值得大惊小怪了。

许多动物的大脑中似乎都有这么一个轮盘赌。然而米勒称，只有人类将此技能磨练并形成了一种机制，后者能够做到的可不仅仅通过欺骗战胜对手。他说，我们的超级欺骗能力是我们进行发明和艺术创造的基础。“与其他精神活动机制相比，欺骗性提供了创造性的关键元素，即快速而不可预测地生成高度变化的选择的能力。”对人类创造性的研究常常能够凸显出这一点。例如，若没有了该能力，我们将无法进行头脑风暴。从音乐到喜剧，在许多种类的艺术中，对旧主题加以改变或让观众出乎意料，是走向成功的关键。

目前流行的观点是，人类的创造性是不同认知功能的能力越来越多地叠加在一起而偶然形成的。生态智慧的形成是为了适应在大草原上寻找食物的复杂需求；技术智慧随着我们制造工具的技能发展而成熟；社交智慧则是形成于群居生活中。雷丁大学（University of Reading）的考古学家史蒂文·米森（Steven Mithen）认为，在早期人类的思维中，这些特定种类的智慧之间存在鲜明的隔阂，就像早期大教堂中的一个个小房间一样。他称，正是随着这些隔阂逐渐消失，发展为更全面的认知能力，人们才逐渐形成了现代的思维方式。

而米勒认为，该观点存在的问题是，它与自然选择的一个主要特性——提升分化程度而非普遍程度——矛盾。米勒的理论则不需要渐趋普遍的机制；相反，一个独特的、内禀的随机机制便可以很好地解释诸多新奇想法的诞生。米勒猜测，它可能通过突出活动中量子噪声的增益而实现。或者，它可能类似于计算机产生随机序列：通过将生成的数字重新输入到某个极其复杂、难以理解的程序中，以得到“伪随机性”。

根据“狡猾的智慧”假设，创造性只是社交智慧的副产物。该假设认为，我们的祖先适应了大草原上的生活，之后学会了如何使用工具开发周围环境，最终修得了社交生活之正果。只有完成了最后一步，人们才真正具备了创造力。然而直到现在，尚没有人给出这一切如何完成的可信解释。米勒的理论可以回答该问题：它可以说明欺骗性是如何在社会生活中产生的，并给出随机性与创造力之间的联系。

进化学家倾向于把进化性适应看作是增加层次与复杂度的过程。人们曾认为，自然选择在随机的无序中筑起了不切实际的秩序。欺骗行为却粉碎了这个简单的观念：它是随机的、适应且混乱的，却仍是自然选择的结果。怪不得生物学家们花了这么长时间才搞明白。

6 让巧合为我们效力

我们已经理解了何为随机，也知道了它的局限性以及在我们身边的世界中的用途。那么，能不能让巧合服务于我们呢？

高技术彩票

迈克尔·布鲁克斯

随机性应用中存在的问题：如何产生随机数。

马斯·哈尔（Mads Haahr）确定，“产生随机性不应该是人类需解决的问题。”

我们多少已经料到他会这样说了。身为都柏林三一学院（Trinity College Dublin）的一名计算机学家，哈尔创建了一个广受欢迎的在线随机数生成器。然而他态度明确：人类的大脑生来就是为了发现并创造规律。它是大草原上抢先发现天敌的触角，却在需要随机思考并做出无法预测的行为时束缚了我们的手脚。虽然我们可以习得一定程度的随机性，但我们的大脑也只能带我们走到这一步。哈尔说，这是莫大的遗憾：因为真正的随机性大有用途。

随机数被广泛用于加密、计算、设计等许多领域。我们无法做到随机意味着我们只好把这项业务外包给某种机器。问题是，借助外部的随机力量存在固有的问题。举例来说，第一枚用于占卜和游戏的骰子是羊的一块足骨，它呈六面形，并在每个面上刻有数字。其形状决定了某些数字比其他数字更有可能出现，任何一个知晓其中规律的人都可以获得优势。

即使是到了现在，面对赌场里的骰子、轮盘或彩票的摇号机等随机生成器，人们对它们可靠性的怀疑仍然挥之不去。然而在网络上，这个问题才真正凸显。随机产生一串数字十分重要，不仅是为了赌博或决定播放列表中的下一首歌，更为了得到用于加密敏感数字信息的、难以破解的密钥。“我不认为人们对随机性在数据安全性中的重要性有着充分认识。”哈尔说。

产生随机数绝不只是编个程序那么简单。你无法告诉计算机如何产生随机数：那样得到的根本就不是随机数。你需要的是一个算法，从更小的、不可预测的输入中“诞生”看似随机的输出：使用数据和时间来决定从一串随机数字序列（如圆周率）中抽取哪个数字，然后以此作为出发点。问题在于，这类“伪随机”数字受限于输入内容，从而在经过若干次反复后出现非随机的重复，其他人只要观察足够长时间，就可以猜出你的算法。

另一个方法是将计算机与某个实际存在的、“真正”的随机源结合在一起。20 世纪 50 年代，英国邮局想要得到工业级别的随机数，以选取政府有奖债券的赢家。该任务落到了当时尚属先进的巨人计算机（Colossus computer）的设计者头上，在第二次世界大战时期该计算机曾用于破解德国纳粹军的密码。设计者们建造了“厄尼”（ERNIE）——电子随机数指示装置（Electronic Random Number Indicator Equipment），它借助电子通过氖管时形成的混乱轨迹来产生间隔随机的电子脉冲信号，以此形成随机数。

如今，“厄尼”已经升级到第四代，其核心也变得更加精简：它利用晶体管的热噪声产生随机数。许多现代的计算程序也使用类似的方法，使用芯片内集成的产生源，例如英特尔公司的 RdRand 指令集，或是威盛电子（VIA）的 Padlock 安全引擎。哈尔的产生器则利用了大气物理过程中的噪声信号。

仍有两个问题等待解决。第一个问题是，只要有足够的计算能力，任何一个人都能重构产生随机数的经典物理过程。第二个问题更为实际：完全依赖实际物理过程的随机数产生器经常无法以足够快的速度给出随机数字序列。

许多系统，例如苹果公司使用的基于 UNIX 架构的平台，通过将芯片内集成的随机发生器的输出结果与一个“熵池”（entropy pool）——充满了其他随机结果的集合——相结合，解决了第一个问题。熵池中的随机结果可以是任何东西，连接到计算机的设备的热噪声，用户敲击键盘的间隔，等等。随机发生器的输出与熵池中的随机结果通过“哈希函数”（hash function）结合，并得到一个随机数。哈希函数在数学上等价于把一滴墨水滴到水里：目前已知，根据输出无法反演得到输入。然而这不意味着我们以后也无法进行反演；而且第二个问题仍然没有得到解决。对于后者，人们想到了一个变通方法：将物理的随机数发生器仅仅用于产生更丰富随机数的程序的输入。

但我们还是会回到算法的问题上。这些程序所使用的特定算法是具有专利的，然而在2013年，安全分析人员指出美国国家安全局（Natioinal Security Agency，简称国安局）实际上掌握了其中一个名为Dual_EC_DRBG的发生器的内部工作原理，这使得国安局可以破解任一基于此方法的加密信息。如果你只是用它玩一玩网络游戏，倒也无所谓。然而若你要进行数十亿美元的转账，或是加密敏感文件，你所面临被监控的风险便是极大的。

此类困难促使研究人员猜测，只要仍然依赖于经典物理世界，我们便永远无法得到不可破解的随机源。经典物理的随机性并不是内禀的，而是源于是否掌握足够多的信息。为了得到更加安全的加密手段，我们必须借助于量子物理——在量子物理的世界里,一切似乎都是真正随机的。我们不再扔一枚硬币，而是观察一个光子击中半镀银的镜子时，会被反射还是穿透过去。我们不再扔一个骰子，而是观察一个电子会通过六个回路中的哪一个。“作为一个数学家，我喜欢得到确切证明的随机性，而量子随机数满足这个条件，”密歇根大学（位于安阿伯）的卡尔·米勒（Carl Miller）说，“从这个角度讲，它是独一无二的。”

的确有加密系统利用了量子理论怪异多变的特性来实现更加安全的通讯。然而它仍然不是百分之百安全的。抽取量子随机性免不了某人要进行设备、观测方法等非随机的选择。某些测量方法使用的光子探测器并非十全十美，这仍然可以为非随机性开启一扇可利用的后门。

有一个解决方法，那就是增大量子随机性，使得到的随机数总是比任何试图窃取信息的人可以猜测的更多。理论上存在将 n 个随机比特转换为 2^n 个真正随机的比特的方法，同时可以将其重组，以去除其中任何与生成该信息的设备相关的内容。该方法仍然处在探索阶段。

此类不依赖于设备的量子随机数生成器是我们追求真正随机性的旅途中最新的进展。它很有可能即将变为现实——直到又有某个人找出它的致命弱点。只要人类仍然处于混乱中，我们可能将永远继续寻找靠得住的随机性。

瞧一瞧，看一看

凯特·勒维利厄斯

只要你玩过捉迷藏，你就很可能会与随机性打交道。你会在偶然之间寻得某个东西，这个念头准没错，因为它是随机性大显身手的又一个演化而成的诀窍。

在床底下？在靠垫后面？还是在某件衣服的口袋里？寻找遗失的钥匙像极了一场随机的狩猎——或许你会这样想。虽然疯狂地掀开一件又一件家具的做法看似漫无目的，但现在人们发现，这个显然毫无章法的搜寻方式中或许蕴藏着我们擅于狩猎的祖先们在数百万年的进化中磨练到极致的智慧。这一事实在众多领域中有着极为深远的影响，包括人类学、城镇规划、考古学，以及——信不信由你——学会如何逛宜家而不迷路。

搜寻一直是人类生存中至关重要的活动。狩猎者必须懂得如何寻到食物和水源。不仅如此，他们的行动对许多现象产生了间接的影响，包括人口扩张、疾病发展和文明的形成。对古代狩猎者群体的迁徙进行建模，有助于我们理解上述种种问题。

通常来讲，科学家会假定古时的人们以随机的方式从一个地方移动到另一个地方。他们借助源自物理的一个模型——布朗运动——来描述这种随机的移动。布朗运动模型可以准确地描述许多不同的扩散情形，例如滴入水中的墨滴，烟雾在空气中的飘散，或是池塘水面上花粉的运动。

在布朗运动中，移动某一段特定长度的距离的概率遵从统计学中的正态分布，这意味着粒子运动较短到中等长度距离的可能性更大，而几乎不可能移动很远的距离而不受任何干扰。尽管没有人证实或否定古人确以这种方式进行迁徙，但该模型依然得到了广泛的认同。在研究动物和昆虫寻找食物的行为时，人们也是基于同样的假定。

然而事实上，许多动物，包括大黄蜂、信天翁、胡狼、驯鹿、蜘蛛猴和浮游生物等，它们的行为根本不符合布朗运动模型，而是与数学中一种叫作莱维飞行（Lévy flight）的模型相符。该模型以法国数学家保罗·莱维（Paul Lévy）的名字命名，描述了一种特定的随机运动，它由大量在较小区域内的短距离跳动和少量移动到其他区域的长距离跳动构成。

在莱维飞行中，移动某一段特定长度的距离的概率满足幂律谱分布（power law distribution），这意味着移动极短和极长距离的概率要大于在布朗运动中的概率，而中等长度移动的概率则更小一些。

美国陆军研究办公室（Army Research Office，位于北卡罗来纳）的一位物理学家布鲁斯·怀思特（Bruce West）说，莱维飞行是在自然中寻找食物的最佳策略。

怀思特研究自然世界中存在的莱维飞行模式。“莱维飞行策略可以避免回到已经探索过、资源耗尽的区域。”

佛罗里达大西洋大学（Florida Atlantic University，位于博卡拉顿）的考古学家克里弗德·布朗（Clifford Brown）注意到这些线索，并思考它是否同样适用于人类。布朗对大自然中的分形模式有着持久的兴趣，而在他研究自然分形现象之前便已对莱维飞行有所了解。为了弄清楚莱维飞行模式是否适用于人类的迁徙，他决定回归原点，开始收集关于人类迁徙的准确数据。

因尚无关于古代猎人部落迁徙的确切记录，布朗转而使用了极为接近的数据：至今仍存在于世的一个狩猎部落——多比丢侉西丛林人（Dobe Ju/’hoansi Bushmen），又称饻人（!Kung）——的详细迁徙记录。数千年来，这些丛林人居住在卡拉哈里沙漠多比地区，横跨纳米比亚和博茨瓦纳。他们中的大多数人已重新定居别处，但直到20世纪60年代晚期，他们仍以传统方式生活，85%的食物通过狩猎和采摘获得。

1968年，约翰·耶伦（John Yellen），华盛顿特区史密森学会（Smithsonian Institution）的一位古人类学家，与丢侉西丛林人共同生活了六个月，记录了他们的生活方式，他们的迁徙距离，他们在每个新的营地停留的时间。

借助耶伦的记录，布朗拼起了丢侉西丛林人迁徙路线的地图。在短短六个月时间里，丛林部落转移了37次，建立了28个不同的营区。乍一看去，迁徙的方式毫无规律可言。他们在一个区域发狂一般寻找食物和水，然后移至遥远的另一个地方。然而经过仔细的分析，布朗发现他们的移动存在特殊的规律：他们每次移动的距离与在每一个新营地停留的时间的概率分布恰好符合莱维飞行模型。布朗说，看起来，丢侉西丛林人以莱维模式移动，是因为这样做能够对他们搜寻食物带来确切的益处。这个益处究竟是什么呢？

卡拉哈里沙漠的环境十分恶劣，水和食物稀缺。最重要的食物是蒙刚果树（mongongo tree），树上结出的坚果是主要的营养源。蒙刚果树通常长在古时东西向的沙丘的顶部，其周围散布着小水洼。布朗发现，这些树都是成簇地分布在相隔较远的区域。布朗说，丢侉西丛林人似乎是因为食物源分布的规律而形成了遵从莱维飞行模式的迁徙路径。

他同样相信，丢侉西丛林人绝不是唯一一群适应了莱维飞行的人。"大自然中许多食物源的分布都符合分形模式，这使得任何寻找它们的人都会按照莱维飞行模式移动。"

那么，如果人们在打猎和采摘时按照莱维飞行模式移动，在探索时是否也遵从相同模式呢？布朗觉得这值得研究。亚利桑那州立大学的计算进化生物学家迈克尔·罗森堡（Michael Rosenberg）对此表示赞同，称现在是时候该重新思考早期人类迁徙模型了。"该证据表明，我们理应尝试莱维飞行模型。”

实际上，支持布朗的观察结论的其他例子已经在逐步出现。马略克·泽维列宾（Marek Zvelebil）曾是英国谢菲尔德大学的考古学家，已于2011年不幸去世。他分析了欧洲农耕文明的发展历程，并注意到一个从某一区域移动到另一区域的、其中包含他称为“蛙跳”的移动模式。他由此得出结论：农耕社会一定曾派遣先锋队探索可供定居的新地区，而不是按照人们曾经设想的那样，从已建立的领地缓慢地逐渐向外扩张。他猜测，莱维飞行模式或许可以解释这些人的扩张行为。

然而，并不是所有人都同意古代的农民会与猎人采取相同的迁徙方式。“对于猎人来说，收拾家当换到下一个地方并不困难。”英国爱丁堡大学的物理学家格雷姆·阿克兰（Graeme Ackland）说。他曾建立数学模型描述农耕人口的迁徙过程。阿克兰认为，这些社区不太可能以相同的方式进行迁徙。他使用基于人口压力驱动的布朗运动模型来模拟早期农业人口是如何在欧洲大陆迁徙的，并发现他们每年向前推进大约一公里。布朗承认莱维飞行或许不能解释所有人群的移动。“如果人们的饮食结构和资源分布不同，它可能就不适用。”他如是说。

尽管如此，莱维飞行或许仍可以解释有史以来最为神秘的迁徙问题：史前的美洲居民是如何在新世界定居的。在约1.15万年以前，海平面要大大低于现在，被称为克洛维斯人（Clovis people）的群体从西伯利亚穿过当时还是大陆桥的白令海峡，并向南移动，只用了1000年的时间便到达了南美洲的最南端。他们是一个狩猎部落，使用独特的带有沟槽的石制矛形刀尖，靠猎食猛犸象和其他动物为生。至今尚无人能够解释他们是如何在短短1000年的时间里移动了数千公里。“莱维飞行可以解释这些人为什么能移动得那么快。”布朗说。

与此同时，罗森堡认为，莱维飞行模型甚至还能揭露人类最早期的移动。“我认为，看看这个模型能不能解释人类进化历程中‘走出非洲’假说中的那几次巨大跃迁，或许会很有趣。”

还有一些困扰人们多年的问题，同样有望通过莱维飞行得到解决。例如，遗传型疾病镰形红细胞贫血症席卷中非用了数千年的时间，但若按照随机布朗运动模型计算，它会花费数万年。镰形红细胞贫血症与疟疾的扩散、农业的扩张有关。若镰形红细胞贫血症快速扩散，那么农业和疟疾也一定以与之相当的速度扩散。“莱维飞行模型可以帮助我们描述该基因的流动。”任职于盐湖城犹他大学，研究古代非洲人的迁徙，古人类学家亨利·哈朋丁（Henry Harpending）说道。

莱维飞行是否仍然影响我们现在的生活？“这当然有可能。”布朗说。阿兰·佩恩（Alan Penn），伦敦大学学院的建筑学家，正试图将这一理念应用至城镇和市区的设计当中。佩恩与他的同事分析了城市内商店的位置，并证明商店位置的分布模式近似于莱维飞行分布。“定位相似的商店倾向于集中在一块儿。这样会带来彼此之间的竞争，但也更容易吸引顾客。”佩恩说。

伦敦便是一个绝佳的例子。托特纳姆法院路的周围遍布各类电子器件商城，哈顿公园附近集中有珠宝店，科克街则云集了艺术品商店。每一个这样的区域附近都有一条主干道，像动脉一样输送大量人流，同时还有错综复杂的后街小巷供买家摸索。集市上摊位的摆布也与之类似，只是规模略小了一些：水果和蔬菜在一处，鱼在另一处，肉又在别处。

佩恩建立了一个城镇的计算机模型，并在里面设置了“探员”代表居民。“探员”们每次向任意方向移动三步，以寻找货物。若有足够多需求某类特定货物的“探员”聚集在同一片区域，计算机就会在该区域内设立一座商店，销售“探员”们所需的货物。佩恩发现，随着时间的流逝，相似的商店会逐渐在同一片区域出现。“这种分布方式似乎能让‘探员’们更有效地发现商店。”他说。这暗示着，我们的城市的布局设置或许同样受到曾经在狩猎和采集中习得的搜索模式的影响。

现在，佩恩使用他的模型，来帮助城市规划者让萎靡不振的街区重新焕发活力。他的项目之一便是伦敦南岸文化特区的振兴。他建议在关键地点和同类商店群（如咖啡厅、餐馆、书店等）之间修建直连的捷径。佩恩说，若商店的分布类似我们搜寻食物的路径，它们就更容易被人找到。他使用相同的方法，在米尔顿凯恩斯市及英国东南部的其他地区规划更多有利于步行者的生活区域。

布朗计划用他对莱维飞行的崭新认识来识别在考古学中感兴趣的挖掘点。“在世界的许多地方，尽管当地的原始居民占据那里很长时间，但我们很难找到他们曾经居住的营地，以及他们的行动路线。”他说。传统的搜寻方式是选择一块区域，在其中按照相等间隔设置采样挖掘点，这种做法费时又费钱。布朗认为，借助莱维飞行模式选择采样挖掘点会节省大量的时间和金钱。远古的祖先遗赠给我们的搜索模式居然可能是我们重新发现他们的最佳方式，这不能不说是一种讽刺。

我，算法

阿尼尔·阿南萨斯瓦米

我们已经认识到，计算机并不擅长产生随机数。但人们却发现，它们可以借助巧合的力量来进化。人工智能——内置巧合的机器——终于渐趋成熟，并在核爆炸疏忽的监察到早产儿脆弱身体的照料等众多领域得到广泛应用。它是如何做到这一切的？

在需要诊断疾病时，若有血肉之躯的医生和人工智能（artificial intelligence，AI）系统两个选择，佩德罗·多明戈斯（Pedro Domingos）会选择将自己的性命托付给后者。“我相信机器胜过相信医生。”身为西雅图华盛顿大学的计算机学家多明戈斯如此宣称。考虑到人工智能一直以来没什么好名声——要么太过头了，要么平庸无奇——他的这番笃定支持可谓相当罕见。

回到20世纪60年代，AI系统被寄予复制人类思维之关键的重大期望。科学家们开始使用数理逻辑来构建真实世界的知识，以及其背后的联系与逻辑。但人们很快便陷入僵局——逻辑固然可以按照人类思维的方式得出结果，但它天生就不适合处理不确定性。

不过，在历经了因自缚手脚而遭人诟病的漫长严寒后，疮痍遍身的 AI 领域再一次焕发勃勃生机。精良高效的计算机系统开始显露出无穷潜力，让人们再次对人工智能的最初目标产生了兴趣：像人类一样思考——即使在一个嘈杂而混乱的世界里。

AI 复兴的核心之一是概率规划（probabilistic programming）技术，它将旧式 AI 基于逻辑的特性与统计学和概率论的优势结合在一起。“二者都是发展用以理解万物之规律的最强有力的理论，二者的结合是非常自然的。”加州大学伯克利分校的现代人工智能先驱斯图尔特·拉塞尔（Stuart Russell）如是说。这一结合终于开始驱散长久笼罩在 AI 领域的冬日迷雾。“AI 的春天已经到来。”麻省理工学院的认知学家约什·特南鲍姆（Josh Tenenbaum）说。

“人工智能”一词由麻省理工学院的约翰·麦卡锡（John McCarthy）于 1956 年首先创造。当时，他大力提倡逻辑思考，以发展能够进行推理的计算机系统。这导致了一阶谓词逻辑的成熟应用，用标准的数学语言及符号刻画真实世界。一阶谓词逻辑用于描述一类物体及物体之间的联系，可以对事实进行推理并得出有用的结论。例如，若 X 患上传染性很强的疾病 Y，并且 X 与 Z 有过亲密接触，那么根据逻辑，我们很容易判断出 Z 也患上了疾病 Y。

然而，一阶谓词逻辑的最大成功之处在于，它让人们找到了一种方法，使用许多最简单的逻辑刻画愈发复杂的实际情况。例如，上面的例子可以轻松加以拓展，来描述致死传染病的流行病学，并预测疾病的发展。逻辑可以用最基础的概念形成极其复杂的结论，这不禁让人猜测人类的思维可能也是如此。

可惜好消息到此为止。“坏消息是，事实并非如人所愿。”加利福尼亚斯坦福大学的认知学家诺厄·古德曼（Noah Goodman）说。这是因为，使用逻辑表述并推理知识要求我们对真实世界具有足够确切的了解，容不得半点模糊和暧昧。一件事情，要么是真的，要么是假的，不可能或真或假。不幸的是，真实世界中的几乎每一条概括性定理都充满了不确定性、起伏干扰和例外。所有基于一阶谓词逻辑的 AI 系统均无法处理这一问题。比如，你想要判断 Z 是否患上疾病 Y。判断的基准应是明确的：如果 Z 曾与 X 有过亲密接触，那么 Z 就患上了疾病 Y。一阶谓词逻辑无法处理 Z 可能被传染的情况。

它还存在另外一个严重的问题：无法反演。例如，如果已知 Z 患有疾病 Y，我们不可能由此推测出 Z 一定是被 X 传染的。这是医疗诊断环节的典型问题：逻辑推理可以从疾病推断出症状，然而医生需要做的却是根据看到的症状反推出患者具有的疾病。“这需要将逻辑链路倒过来看，而推理逻辑不适合这么做。”特南鲍姆说。

这些问题导致在 20 世纪 80 年代中期，AI 进入了寒冬期。在世人看来，AI 已死，毫无出路。然而古德曼相信，人们实际上并没有放弃，“研究在暗中悄悄进行”。

春日的曙光首先出现于 20 世纪 80 年代末，那时神经网络刚刚面世。神经网络的原理异常简单，神经科学的发展让人们得以建立神经元的简单模型。借助精巧复杂的算法，研究人员们构建了人工神经网络（artificial neural networks，ANN），它可以进行学习，看起来与真正的大脑如出一辙。计算机科学家们重振精神，开始梦想由数十亿甚至数万亿个神经元组成的庞大人工神经网络。但很快，人们发现手中的模型过于简单，以至于他们无法判断究竟哪个神经元是最关键的，从而无法对症下药。

然而，神经网络却促成了新型人工智能的一部分基础。某些研究人工神经网络的学者最终意识到，这些网络可以看作是真实世界的一种统计学和概率学描述。他们不再提起突触和脉冲，而是讨论参数化和随机变量。“现在，它听起来不再像是一个大脑，而是一个巨大的概率模型。”特南鲍姆说。

随后，在 1988 年，洛杉矶加利福尼亚大学的朱迪亚·佩尔（Judea Pearl）的巨著《智能系统中基于概率的推理》（*Probabilistic Reasoning in Intelligent Systems*）问世，书中详细描述了实现人工智能的一种崭新方法。该方法基于 18 世纪英国数学家、牧师托马斯·贝叶斯（Thomas Bayes）提出的方法，后者把在 Q 事件发生的条件下 P 事件发生的概率与在 P 事件发生的条件下 Q 事件发生的概率联系在了一起，从而可以在因与果之间自如切换。“如果你能用所有你感兴趣的事情描述现有的知识，那么贝叶斯原理可以告诉你该如何解读它们的效果，并回溯每一个不同的起因导致的概率。”特南鲍姆说。

其中的关键是贝叶斯网络，它是使用不同随机变量构筑的模型，每一个变量的概率分布都依赖于其他所有变量。改变其中任一变量的任一参数，都会引起其他所有变量的概率分布。给定其中一个或更多变量的值，贝叶斯网络便可以告诉你其他变量的概率分布——它们的可能取值。假设这些变量分别代表症状、疾病和检测结果，那么根据检测结果（病毒感染）和症状（高烧、咳嗽），我们就可以得到不同病因的可能性（流感病毒：很有可能；肺炎：不太可能）。

在 20 世纪 90 年代中期，拉塞尔等研究人员开始研发可以使用现有数据进行学习的贝叶斯网络算法。人类的学习强烈依赖于已有的知识与理解；与之相似，新的算法可以从更少的数据中学习到更多的内容，构筑更为复杂而准确的模型。这是人工神经网络以来 AI 领域迈出的崭新而巨大的一步：人工神经网络无法利用已有的知识，只能从每一个新的问题中短暂获取极为有限的内容。

零散的碎片拼在一起，形成学习真实世界的人工智能。贝叶斯网络的参数代表概率的分布，它对世界的认识越多，这些分布也就越接近事实。与基于一阶谓词逻辑的系统不同，即使面对不完整的知识，这个网络也不会崩溃。

然而，逻辑并非毫无用处。人们发现，仅靠贝叶斯网络是不够的，因为它无法形成任意复杂的结构。只有将逻辑判断与贝叶斯网络结合在一起，概率规划才能发挥其真正的威力。

站在新一代 AI 的最前沿的，是融合了以上两者的众多计算机程序语言。Church 是古德曼、特南鲍姆与同事们开发的语言，以阿隆佐·丘奇（Alonzo Church）——一种形式的计算机程序逻辑的开创者——命名。马尔可夫逻辑网络（Markov Logic Network）是由多明戈斯的小组开发的另一种语言，将马尔可夫网络（与贝叶斯网络类似）与逻辑结合在了一起。除此之外，还有拉塞尔与他的同事开发的一种语言，名字更为直截了当，就叫贝叶斯逻辑（Bayesian Logic， BLOG）。

在位于奥地利维也纳的联合国全面禁止核试验条约组织（Comprehensive Test Ban Treaty Organization，CTBTO）内部，拉塞尔证明了这类语言的强大能力。该组织大胆猜测 AI 技术或许有助于解决探测核爆炸问题，于是邀请了拉塞尔。在花了一个上午，听取了有关夹杂在地震背景信号、穿越地幔时信号的不规则失真，以及世界各地地震台站接收到的众多噪声信号的干扰中探测来自远方核爆炸的地震信号所面临的困难与挑战的报告后，拉塞尔立刻开始着手编写基于概率规划原理的数学模型。“趁着午饭工夫，我就把问题的完整模型写出来了。”拉塞尔说。模型很短，只有半页纸长。

已有的知识，例如在苏门答腊、印度尼西亚和英国伯明翰发生地震的概率，可以与该模型结合。CTBTO 组织同样要求该模型假定地球上任何一处发生核爆炸试验的概率均相等。实际数据已准备妥当——CTBTO 组织的监测台站源源不断地接收着震动信号。AI 系统的任务就是分析收到的所有数据，并推测信号所代表的震动最有可能来自何方。

问题来了：BLOG 等语言使用的是一种通用推理引擎（generic inference engine）。对于任何一个给定的真实问题的模型，通过计算其中的变量和概率分布，该引擎都应该能给出相应的解答。例如，若已知预测事件的发生概率，根据得到的地震信号，引擎应可以给出核爆炸发生在中东的概率；若把变量换而表示症状和疾病，引擎则应给出合理的医学诊断结果。换句话说，程序的算法应具有良好的通用性——这意味着程序的运行效率将大大降低。

结果是，每当遇到一个新的问题时，我们必须调整算法，使之最大限度适应该问题。但你不可能每遇到一个新问题都雇一名博士生来改进算法。拉塞尔说：“你的大脑并不是这样解决问题的；大脑会适应每一个新的问题。”

这让拉塞尔、特南鲍姆和其他人停下了脚步，重新审视 AI 的未来。“我希望人们能对此感到激动，而不是认为我们在兜售狗皮膏药。”拉塞尔说。特南鲍姆同意这一点。虽然他的年龄相对较小，而且在未来，计算机的运行速度会越来越快、算法会越来越聪明，但他仍认为效率问题在他的有生之年得到解决的可能性只有50%。“这比登上月球或火星要难多了。”他说。

然而，这并没有浇灭AI领域燃起的热情。例如，斯坦福大学的达夫妮·科勒（Daphne Koller）正使用概率规划方法集中攻克一个特定的问题，并取得了显著的成效。科勒与同在斯坦福大学的新生儿专科医师安娜·佩恩（Anna Penn）以及其他同事研发了一个名为PhysiScore的系统，用于预测早产儿是否会面临健康问题，这在新生儿科学中是十分困难的任务。医生几乎无法较为准确地给出任何预判，“而这恰恰是父母最为关心的问题。”佩恩说。

PhysiScore综合考虑妊娠期、出生体重等指标及婴儿出生后数小时内的实时监测数据（包括心率、呼吸率和血氧饱和度）。“我们可以在婴儿出生后三小时内判断其是否健康，是否更容易具有严重的并发症。即使那些症状要到出生后两周才会变得显著，我们仍然可以预先给出结论。”科勒说。

“新生儿医师对PhysiScore系统的问世感到十分兴奋。”佩恩说。身为一名医生，她尤其欣慰于AI系统能够同时处理数百甚至上千个变量得出结论，这使得它比人类同行表现更为优秀。“这些工具能够发现海量数据中连医生和护士们都无法识别的信号。”佩恩说。

这就是多明戈斯如此坚信自动医疗诊断系统的原因。此类系统中最为著名的一个要数快速医疗参考决策理论（Quick Medical Reference， Decision Theoretic，QMR-DT），它基于贝叶斯网络构建，对数百种重大疾病与数千个相关症状进行了建模。它的目标是通过给定的症状，给出可能疾病的概率分布。研究人员针对特定的疾病，对QMR-DT 的算法进行了精细调节，并教会它查阅患者的诊疗记录。“我们已经将这个系统与人类医师进行了对比，结果它（诊断系统）赢了。”多明戈斯说，“人类的决策常常前后不一致，包括在判断疾病的时候。这个系统没有得到更广泛应用的唯一原因在于医生们不愿放弃工作中最有趣的部分。”

AI 的此类技术在其他领域也获得了成功，其中最醒目的便是语音识别，它已从过去令人啼笑皆非的错误率发展到如今引人侧目的精确度。现在，医生们可以口述患者的病历，借助语音识别软件将档案电子化，省去了人工操作。翻译领域同样也在开始复制语音识别中获得的成功。

然而在某些领域中，AI 仍面临巨大的挑战。其中之一便是理解机器人的摄像头拍摄到的画面。若此问题能够得到解决，机器人自主导航将会得到长足发展。

除了发展灵活快速的推理算法，研究者还必须要改进 AI 系统的学习能力，让其能够不仅从已有数据，而且通过传感器获得的有关真实世界的数据学习。如今，绝大多数的机器学习是通过针对问题优化算法并巧妙构建数据集而完成的，相当于让机器做某种专门的工作。“我们希望系统能更多样化，这样我们就可以把它直接放到真实世界里，让它利用更多种类的输入信息进行学习。”科勒说。

人工智能的终极目标仍然是建造具有人类智能水平、并以我们能够理解的方式思考的机器。“这个目标可能与寻找外星生命一样极为遥远，甚至具有危险，”特南鲍姆说。“类人AI这一表述覆盖的范围更广，同时也更易于调整。我们乐于看到，有一天我们造出了一个视觉识别系统，它朝窗外看一眼，就能告诉我们外面有什么——就像一个真正的人一样。”

数字1的力量

罗伯特·马修斯

时不时地，一个简单的想法会在全世界刮起一阵风暴。本福德定律（Benford’s law）就来自这样的想法：它只是在一串数中清点有哪几个数字，确定它们分布得有多随机。绝不要打破本福德定律，不然你就有大麻烦了。

阿历克斯（Alex）（本节中阿历克斯为化名）不知道该抖搂出他姐夫的哪些黑历史才能让姐夫肯帮忙做他的学期项目。身为圣玛丽大学（位于新斯科舍省哈利法克斯市）会计专业的学生，阿历克斯需要一些真实的商业数据来完成作业，而他姐夫经营的硬件商店似乎正符合条件。

翻了翻当年的销售记录后，阿历克斯并没有发现什么明显异常。不过，他仍然按照作业要求对记录进行了分析，并按照会计课教授马克·尼格里尼（Mark Nigrini）的要求，进行了另一项略显古怪的分析：他遍历所有销售额，记下其中有多少个数是以1开头。这些数占据了全部记录了93%。阿历克斯提交了作业，然后没有多想。

稍后，当尼格里尼批改课程作业时，他看到这一条分析结果，立刻明白眼前的状况是多么糟糕而令人尴尬。

当他继续翻阅阿历克斯对其姐夫账目的其他分析结果时，他的怀疑愈发转为确信。销售额的数中没有任何一个是以 2 到 7 中的数字开头的，以 8 开头的只有四个，以 9 开头的只有 21 个。在进一步分析后，尼格里尼便确信无疑：阿历克斯的姐夫是一个诈骗犯，他细心地做了假账，以骗过银行和税务稽查员。

他几乎成功了。乍一看去，销售额看上去并无可疑之处，业绩平稳，没有什么足以吸引管理部门的注意。然而它却经不住进一步的推敲：这些数太普通了，而被尼格里尼要求阿历克斯进行的分析逮了个正着。

因为尼格里尼知道——而阿历克斯的姐夫显然不知道——这些营业额的数应符合一百余年前发现的一条数学定律。这个定律被称为本福德定律，支配着从股市价格、人口普查数据到化学物的比热容等数不清的各种现象。甚至是从一张报纸上七七八八拼凑出来的数，也会符合本福德定律：大约 30% 的数的首位是 1，18% 的数的首位是 2，直到只有约 4.6% 的数的首位是 9。

这条定律如此出乎意料，以至于最初人们拒绝相信这是真的。但在忍受了数年被认为是数学异常的奚落后，如今本福德定律被几乎所有人——从法务会计师到计算机设计员——视若珍宝，期望能够以异常简单的方法解决一些棘手的问题。

发现这个定律的故事与定律本身一样古怪。1881 年，美国天文学家西蒙·纽科姆（Simon Newcomb）在《美国数学杂志》（*American Journal of Mathematics*）发表了一篇文章，记录了他观察当时广泛用于科学计算的对数手册[①]时发现的一个古怪现象：这类书籍的最初几页比其余部分污损得更快。

这件事解释起来很简单，却仍旧令人迷惑不解：出于某种原因，人们在计算时遇到以 1 开头的数要远多于以 8 或 9 开头的数。纽科姆得出了一个小公式，它很好地拟合了这一规律：大自然似乎喜欢对数字动一些手脚，使得以 D 开头的数占据的比例等于 1+ (1/D) 以 10 为底的对数（见“这儿有，那儿有，到处都有”）。

因无法给出对此公式令人信服的解释，纽科姆的文章未能引起他人的兴趣，书页污损效应也在长达半世纪的时间里遭人冷落。然而在 1938 年，美国通用电气公司的一名物理学家弗兰克·本福德（Frank Benford）重新发现了这一现象，并得到了与纽科姆给出的一模一样的公式。然而本福德没有止步于此。通过分析取自河道流域列表、旧杂志文章等一切来源的超过 20000 个数，本福德证明它们都符合同一个基本规律：大约有 30% 的数以数字 1

① 将自然数与其对数制成表供人查阅的手册。对数运算将繁复的乘法转换为简单的加法，可大大简化大数的计算。在电子计算机尚未出现的年代，人们将已计算好的对数制成表，供人计算时快速查阅。——译者注

开头，约 18% 的数以 2 开头，如此等等。

和纽科姆一样，本福德没能给出这一定律的解释。即便如此，他为了证明此定律的存在与普遍性而给出的坚实证据，让他的名字从此与定律紧紧贴在了一起。

直到又过了约四分之一世纪，有人才对核心问题——为什么这个定律可以应用到这么多不同来源的数据上？——给出了合理的回答。最初的一步来自曾任职于罗格斯大学（Rutgers University，位于新泽西州新不伦瑞克）的数学家罗杰·平克汉姆（Roger Pinkham）的一些另辟蹊径的简洁构思。平克汉姆说，让我们假设的确存在这么一个定律，支配着描述种种自然现象——不论是河道的流域还是化学物的性质——的数字。那么，这个定律一定与数据使用的单位无关。即使是佐布星球[①]上的居民使用格德基[②]为单位进行测量，得到的数据中数字的分布应该与我们使用公顷测量得到的结果完全一致。然而——假如说 1 格德基等于 87.331 公顷——这怎么可能呢？

平克汉姆回答，这是因为数字的分布与单位无关。

---

① 原文 Planet Zob，源于杰克·莱戎（Jake Lyron）所著《来自佐布星球的精神病医生》（*The Shrink from Planet Zob*），书中以一个外星人的精神病医生的视角，描述了人类中存在的种种精神疾病，以及它们与诸多全球性问题之间的联系，唤起人们对精神健康的重视。——译者注

② 原文 grondeki（s），grond 为荷兰语“地面”之意；Grondeki 曾被用作姓氏。推测为本文作者借用的词语，无深意。——译者注

假设你已知数百万条河流的流域大小，且数据均以公顷为单位。将这些数转换至以格德基为单位必然会使其数字发生变化，但总体上来说，数字的分布规律却仍然与转换之前相同。这一性质被称为“标度不变性”（scale invariance，又称扩张不变性）。

平克汉姆从数学上证明，本福德定律的确是标度不变的。但更重要的是，他同样证明了本福德定律是唯一一个标度不变的数字分布方式。换句话说，任何其他声称具有普遍性的数字出现频率，必定都是符合本福德定律的。

平克汉姆的工作将该定律的确证向前推进了一大步，并促使其他人也认真审视并思考该定律可能的应用。然而仍存在一个关键的问题：究竟哪些数会符合本福德定律呢？人们很快想到两个条件：首先，样本必须大到足以验证预测比率；其次，样本不应有任何人工限制，其值也应是任意的。显然，我们不能指望十种不同的啤酒的售价会满足本福德定律：十个样本不仅太少，而且价格受到市场的影响，必然被限定在某一特定的狭窄区间内。

而另一方面，完全随机的数列同样不会满足本福德定律：根据定义，这些随机数中各个数字的出现频率是相等的。本福德定律只适用于这样一批“不上不下的”数：既非完全受限，又非彻底任意。

人们一直不清楚这到底意味着什么。直到 1996 年，乔治亚理工学院（Georgia Institute of Technology，位于亚特兰大）的数学家西奥多·希尔（Theodore Hill）发现了本福德定律的另一个内在含义。他意识到，这一性质来源于不同测量方式多样的分布。追根溯源，一切可测的量都是某些过程的结果，例如原子的振动、遗传信息的迫切需求等。数学家已经知道，这些测量值的分布遵循某些特定的数学规律。例如，银行出纳员的身高符合钟形曲线的高斯分布；一天内气温的上下变化近似于简谐波；地震的烈度和发生频率则符合幂律谱分布。

现在，让我们想象一下，如果从上述分布中随便取出一些样本值会怎么样。希尔证明，我们取出的样本越多，其中数字的分布便会愈发接近于某个特定的形式。这个定律有点像一种终极的分布，即“分布的分布”。他证明了，这一形式正是——本福德定律。

希尔定理对解释本福德定律的普适性极有帮助。虽然描述某些现象的数值只符合某一种分布曲线，例如高斯曲线，然而更多的数据，从人口普查到股票价格，实际上是许多不同种分布的随机叠加。如果希尔定理是正确的，那么它便意味着这些数中的数字应遵循本福德定律。而正如本福德本人的不朽功绩和其他许多人证明的那样：这是真的。

马克·尼格里尼，阿历克斯的前任课程主管，如今是新泽西学院（位于尤因）的会计学教授，将希尔定理评价为关键突破。“定理……有助于解释为什么在如此众多的情况中都会存在有效数字现象。”

该定理同样帮助尼格里尼说服其他人相信，本福德定律不仅仅是数学里中看不中用的定律。在过去的几年里，尼格里尼一直在推动本福德定律在更为严肃的领域——诈骗侦察——中得到应用。

在发表于 1992 年的一篇原创性博士论文中，尼格里尼写道，账户的许多关键特征，例如销售额、开销等，都遵循本福德定律，使用标准的统计学检验可以很快发现任何偏离了正常范围的情况。尼格里尼将这个反诈骗技术称为“数字分析”，该技术的成功运用正在逐步吸引公司机构以及更多人的兴趣。

最早期的一批事例，包括在揭破阿历克斯的姐夫一案中的精彩应用，源于尼格里尼向学生布置的作业。但他很快便使用数字分析技术揭开了更大的骗局。其中一个案件是关于美国的一家休闲旅游公司，该公司在全国经营着多家汽车旅店。公司的审计总监通过数字分析，发现保健部门主管的一些经费申请存在疑点。“使用本福德定律分析保健支出账单的前两个数字时，发现以‘65’开头的数异常地多，”尼格里尼说，“一名审计员找到了 13 个疑似诈骗的支票，数额在 6500~6599 美元不等……部门主管声称这些经费用于进行心脏手术，而支票最终全部落入她的手里。”

尽管该主管尽了最大努力让这些账目看起来天衣无缝，但本福德定律仍然将她的行经暴露无遗。“她非常小心地编造申请理由，使申请数量比汽车旅店里年老雇员的人数多了那么一点点，”尼格里尼说，“数字分析还发现了其他欺骗性申请，累计造成了约一百万美元的损失。”

毫不意外地，大企业和中央政府也开始对本福德定律加以重视。“美国和欧洲的注册上市公司、大型私人企业、专业事务所和政府机构，以及全世界最大的审计事务所，都在使用数字分析技术。”尼格里尼说。

该技术还受到了其他类型诈骗检测人员的兴趣。在布鲁塞尔的国际药物开发研究所（International Institute for Drug Development）里，马克·比斯（Marc Buyse）和他的同事相信本福德定律可以发现临床试验数据中的疑点；许多其他大学的研究者则认为数字分析可以找出实验报告中的虚假记录。

数字分析的广泛使用最终会引起造假者的警惕。然而尼格里尼说，除了起到警示作用以外，该技术无法给他们带来任何好处。“对造假者来说最大的问题是，直到全部数据出现之前，他们不知道最终的总体图景是什么样子，”尼格里尼说，“骗局通常只涉及部分数据，然而骗子并不知道那些数据会被怎样分析，例如按照总部、部门或小组分析。确保骗局能够骗过本福德定律相当困难，而并非所有的造假者都是专业的科学家。”

据尼格里尼说，本福德定律的应用不只是局限于揪出造假者。以数据存储为例：德国弗莱贝格工业大学（Bergakademie Technical University）的数学家彼得·沙特（Peter Schatte）根据本福德定律推出的比例分派存储空间，将计算机的数据存储实现了最优化。

乔治亚科技（Georgia Tech）的泰德·希尔（Ted Hill）认为，本福德定律的普遍性在例如财政预报或人口统计中同样极为有用。预报员或人口统计学家往往需要对他们的数学模型进行一个简单的“真实检验”（reality check）。“尼格里尼最近发现，美国超过三千个郡县的人口分布近似满足本福德定律，”希尔说，“这意味着该定律可以作为人口预测模型的一个检验方法：如果预测的数字不符合本福德定律，那么模型就可能有问题。”

尼格里尼与希尔均强调，本福德定律绝非应对骗子或数据运算瓶颈的万能灵药。比方说，即使只是人们把数值增加或减少一点，便足以导致统计结果偏离定律。两人也都认为定律应用至实际生活时很容易引起混乱。“任何数学理论或统计检验都可能被错误使用，这很常见。”希尔说。

但他们认为，本福德定律仍然有很大的潜能待人挖掘。希尔说：“在我看来，这个定律是让世人甚至专家都感到惊讶的典型例子。”

这儿有，那儿有，到处都有

大自然对特定数字和数列的喜爱一直以来是数学家们极为感兴趣的研究对象。著名的黄金分割比例——约等于1.62:1，长宽符合该比例的长方形看起来最为赏心悦目——存在于大自然中的每一个角落，不论是贝壳还是绳结。同样著名的还有斐波那契数列——1，1，2，3，5，8，……，其中每个数字都是前两个数字之和。该数列同样遍布世界，植物叶子的排列、向日葵种子的螺旋排布等均与之相符。

本福德定律则是另一个数学世界中的基本特征，该定律叙述为：以数字D为首的数在全体中所占比例等于1+ (1/D) 以10为底的对数。也就是说，大约有 $\log_{10}$ (1+1/1) =30% 的数以数字“1”开头；约有 $\log_{10}$ (1+1/2) =17.6% 的数以数字“2”开头；如此类推，约有 $\log_{10}$ (1+1/9) =4.6% 的数以数字“9”开头。

但本福德定律的数学推论并不止于此。据此，人们还能得出第二位上出现不同数字的可能性。例如，根据该定律，我们能算出“0”是最有可能出现在第二位上，其出现概率约为12%；而“9”最低，只有约8.5%。

于是我们可以知道，最常见的非随机数会以“10”开头，这类数出现的概率是最罕见的“99”出现的几乎10倍。

容易推测，越是在后位上，十个数字出现的机率越是平均。对于很大的数来说，最后一位有效数字为0到9中任意一个的概率均等于10%。

经过一些巧妙的变换，我们就能发现，斐波那契数列、黄金分割比例和本福德定律都是联系在一起的。斐波那契数列中相邻两项的比值会逐渐趋向黄金分割比例；而数列中出现的所有数字的分布则满足本福德定律。

让我们迷路吧

凯瑟琳·德朗格

现在是时候提出一个恳求了：不要把不确定性从我们的生活中抹去。从 GPS 到书籍推荐，技术让一切都变得精准且可预测，但这不一定是件好事。幸福有时会依赖于运气。

在车水马龙的大街上悄悄跟踪目标相当简单。但当她拐进一条住宅街时，我开始有些担心了。我放慢了速度，远远地跟在后方，与目标女子保持安全的距离。

很快，她拐了一个弯，驶入一座又大又漂亮的公园。这儿离我的家只有数分钟之遥，但我却惊奇于我居然从未来过这儿。当我重新来到大街时，那个女子早已无影无踪，而我则是迷路了。我拿出智能手机，使用 GPS 确定方位。“右转进入加斯科涅街，”上面写道，“然后寻找一位看上去孤独的人，邀请其一同漫步。”

跟踪一个随机选中的陌生人并观察自己会来到何处，这并非我度过周六下午的通常方式，但或许我应该经常这样做。随着提高生活效率的各种技术——GPS、推送服务，等等——的出现，身边的巧合已经越来越少了。然而，有越来越多的研究显示，巧合是人类幸福中被严重低估的成分。许多名似“意外新奇产生器”（serendipity generator）的应用程序正通过将古怪念头重新添加进我们的生活，来促使我们对愈发高效的每一天做出小小的违抗。它们能让我们克服对不确定性根深蒂固的恐惧吗？

这些新应用映射出我们对现代高效生活的专制由来已久的抵触。在19世纪中叶，法国大革命带来的秩序带来了一种所谓漫游（flâneurs）的文化现象。因不满于现代都市的紧迫感和人与人之间的疏远，巴黎的漫游者们试图鼓励在城市生活中加入一种毫无目的却颇有趣味的闲逛。在之后的一个世纪里，市政规划人员将城市进一步打造得井然有序，城市愈发变得容易预测，就连地图也变得几近雷同。而艺术家和积极分子再一次挺身而出，通过借助地图漫无目的地闲逛来抵抗秩序带来的实用主义。例如，一群被人们称为“激浪派”（Fluxus）的艺术家们发明了一套搞怪指令，以“踏遍城市中每一个水洼”。

早期的互联网没有成为不忠实的漫游者的目标。当它在20世纪90年代兴起时，推动其发展的主要是喜欢与陌生人分享喜爱之物的人。它是一种让我们与难以谋面之人交流的方法——换句话说，它是发现意外新奇之物的绝佳引擎。

然后，事情发生了改变。“在世纪之交，我们的思想从一个极端转变到了另一个极端。”马克·谢帕德（Mark Shepard），一位设计意外新奇应用的艺术家，这样说道。“把生活变得更高效的念头主导了我们对科技的想法。它把机器看作是人们的忠实仆从，让生活更加容易。”

在这一思想的驱动下，推送系统应运而生。借助算法，通过你的购物记录、喜好和浏览历史，来预测你未来可能会对什么感兴趣。不仅是对你，对其他千千万万的人，也是如此。

如今，每一台智能手机都内置了GPS，带你抵达几乎任何地方。从选择你在超市里要买的东西，到轻松抵达目的地而不会迷路，你口袋里的那个设备保证了你不会再受困于偶然的意外。我们的生活被精确掌控在手里，没有偏差分毫。

恰在此时，这些应用出现了：故意让你迷失方向，与漫游者的想法不谋而合。其中许多都是对它们嘲弄的推送系统的直接批判。“推送系统总是告诉你最安全的选择，而这样做的代价便是失去了许多更有趣的可能。”英国林肯大学的计算机学家本·齐尔曼（Ben Kirman）说。他的专长是社会博弈。

正因此，齐尔曼才开发了迷路机器人（Getlostbot）——一款鼓励用户打破定式、尝试不同路线的应用。下载并安装好之后，它就会在暗中监视你手机中四方网[①]的输入窗口。当你的行为过于规律——例如，每周五晚上都会去同一家酒吧——时，迷路机器人便会建议你去一家从未去过的酒吧。

① Foursquare，一款移动端应用程序，用于搜索用户所在地理位置附近的特定地点，如餐厅、商店等。——译者注

在2010年至2012年间，这类应用迅速涌现。例如，一款名为Highlight（高亮）的程序会将你与身边的陌生人相连。而另一个叫作Graze（放牧）的在线服务则会寄给你意料之外的食物。

漫游者和艺术家们出乎意料的举动看起来或许是异想天开的。但最近关于幸福的研究显示，他们的行为凸显了人类本性中极为深刻的矛盾。推送系统之所以显得如此诱人，部分是因为在绝大多数时间里，降低不确定性是很有用处的。“人类总是试图理解世界。”弗吉尼亚大学的心理学家蒂姆·威尔森（Tim Wilson）如此说。如果能理解某件事情，若它是有益的，我们就可以促其重复发生；若它是有害的，我们就可以提前预防。

于是，当你寻找一个坏结果发生的可能性——看到一场无趣的电影，或是迷路到绝望——时，只有对结果的未知才会让你更加不开心。有保障地迷路或不开心不会危及生命，但若情况异常严峻，我们对不确定性的厌恶便更容易理解了。举个例子，针对等待亨廷顿病[①]基因检测结果的人群的研究显示，得到确切结果的人，不论结果好坏，

① 亨廷顿病（Huntington’s disease），一种神经退行性疾病。患者通常在中年发病，表现为不自主舞蹈的症状，并逐渐伴有精神障碍与进行性痴呆。发病后平均生存期不足20年，目前尚无根治方法。以发现该疾病的美国医学家乔治·亨廷顿（George Huntington）命名，又称大舞蹈病。为常染色体显性遗传，可通过基因检测进行前期诊断。——译者注

都会经历幸福感的增强。然而，对于结果不确定的人，他们就会在接下来超过一年的时间里时常感受到更大的压力，甚于那些获知自己患上了不治之症的人。

为什么会这样呢？大量研究证实，当某件意料之外的事情发生时，我们的反应会更加感性。不论那个意外令你有些不快还是十分严峻，其背后的机制都是相同的：我们会花更长的时间思考，试图找到一个解释。然而，一旦我们想到了一个理由，我们就会适应，将其整合进已经熟悉的平凡日常中。

这样看来，从生活中移除不确定性似乎是获得幸福的绝佳策略。

然而很不幸，上述的图景是不完整的。对不确定性的研究大多集中于它的负面效果，但在过去十年里，心理学家开始探索它所带来的积极一面。研究的结果有力地说明了，让不确定性加剧坏情况的机制，同样在幸福感的产生中起着关键作用。

例如，威尔森的试验可以说明，在愉悦的事件中，保留不确定性是有好处的。试验中，参加者被告知他们即将参加一场竞赛，并选择了他们想得到的两种奖品。随后，所有参加者都得知自己获胜了，其中一组的人立刻得到了他们想要的奖品中的一个，而另一组的人则是等到试验结束后才知道自己的奖品究竟是两者中的哪一个。威尔森发现，那些不得不思索两种可能的幸福结果的人比立刻得到奖励的人持续了更长时间的幸福感。

他们也在寻找可能获得的奖励的图片中花费了更长的时间，这支持了当结果不确定时人们更迷恋于其可能性的理论。若结果是令人愉悦的，不确定性便能够放大其中的幸福感。

一个模糊的愉悦事件本身便是很难加以解释的，这让你花更长时间去思考它，从而延长你的高涨情绪。这就引出了心理学家们所称愉悦悖论（pleasure paradox）现象：我们想要理解世界，但这样做会失去从未知事件中得到的愉悦感。

上述这些发现只是众多研究的一小部分，还有更多案例揭示不确定性可以带给我们相当大的愉悦感，并表明通过技术手段将不确定性重新引入生活中可以提升我们日常的情绪。

这就是我为什么会在一个雨中的午后，在伦敦北部尾随一名陌生人。我在测试一款应用——Serendipitor，用于进行卫星导航，同时加入一些微小的延误、迂回和误指来使行进线路富有趣味。

这类应用的开发者维持着脆弱的平衡：他们既要说服人们承担风险，同时又要避免惹怒那些认为它荒谬之极的人。该程序的设计者谢帕德说："Serendipitor 是一个非常讽刺的应用，我们竟然生活在一个需要下载应用软件来发现意外巧合的社会里。"然而，与一般的巧合不同，Serendipitor 应用会权衡选项，以确保给出好的结果。Serendipitor 会让你在坚信谷歌地图[1]可靠无比时迷失方向。

为了赶赴午宴，我打开应用查找路线。走到那家餐馆通常只需约 6 分钟，手机上显示的路线也是沿着大路，毫无意外。然而，一旦我迈开脚步，Serendipitor 便向我发来了挑战：随便找个人，跟踪两个街区（谢帕德说，他从激浪派艺术家的身上获得了诸多灵感）。我挑中了一个女人，她拎着一个手提箱，箱子上面画着一个抬起了车子前轮的摩托车手。我跟在她后面，很快，她穿过了马路，带我来到了一座公园——我之前完全不知道这个地方居然会有公园。这款应用的好处逐渐变得明晰，而且我忍不住想象，如果刚才没有选择这名女子，我恐怕将永远不会发现这座公园。

我不是唯一一个醉心于错过的可能性的人。2008 年，哈佛大学的心理学家丹尼尔·吉尔伯特（Daniel Gilbert）召集了一批自称持续了五年以上爱情幸福美满的志愿者。吉尔伯特将他们分成两组，请其中一组写下他们与伴侣相遇的故事，并请另一组人设想若当初未能与现在的伴侣相遇的话会是什么情况。问卷结束后，后一组人的情绪较前一组人的更为乐观积极，并对目前的爱情关系感到更

① Google maps，谷歌公司提供的在线地图服务。——译者注

加满意。

威尔森称此为“乔治·贝雷效应”（George Bailey effect）。乔治·贝雷是一部名为《美好生活》（*It's A Wonderful Life*）的戏剧的主角，该剧讲述了一个主角从未出生的假想世界里的故事。威尔森说，设想一件幸福的事情从未发生的可能性，会给失去新意已久的情感带来鲜活的生机。

除了从偶然的邂逅中得到的惊喜以外，被告知做一些随机的事情同样让我开心得有些古怪。跟随那名女子来到公园后，我犹豫了一阵才鼓起勇气，询问路人我是否可以为他们拍照片。拍完照片后，尽管或许很愚蠢，我却明确地感到了一股成就感。但我仍然止不住思考：如果不是有任务在身，我还会使用这样的一款应用吗？

实际上，人们总是会低估不确定性带来的正面效应。对此，吉尔曼知道得比谁都清楚：尽管人们对迷路机器人的想法表现出兴趣，但当屏幕上真的弹出信息告知他们应该尝试一些新的东西时，人们却往往不愿听从。换句话说，人们很喜爱这些应用，下载安装之后，却不愿使用。

如果我们对不确定性的抵抗还算不上是一个问题，那么另一个阻碍意外新奇的概念广泛传播的拦路石便是资金。开发一个让人迷路的应用可赚不了什么钱。

但这并不意味着我们不需要它们。我们对定制推送的依赖不断增长，意味着我们最终将生活在一个“过滤泡沫”中，视野受到极大的限制——微软研究院（Microsoft Research，位于马萨诸塞州剑桥城）的达娜·波伊德（Danah Boyd）这样说。她将迄今为止在线技术的方法总结为对未知的恐惧及待在安全泡沫中的压力的双重选择。

出于这个理由，波伊德认为，这些技术将永远无法成为主流，但她仍然认为它们代表了一种可借鉴的补偿性的观念模式。“我们已经忘记了一点：与世界观大相径庭的人打交道是十分重要的。”

她将该想法一直回溯到2005年，当时她曾提出，媒体过度渲染网络“猎手”，从而引发“对来自陌生人的危险的道德恐惧”。差不多在同一时间，众多社交网络兴起，人们开始使用互联网与相识的人而非陌生人联系。

受到限制的并非只有我们的在线生活。“最重要的一件事，是让你的孩子接受意外的新奇性，”波伊德说，“他原本想要骑上单车，出门去任何一个地方——而我们早已忘记了这一点。”与推送应用、GPS和其他安全技术的紧密联系会不会改变人们对风险的容忍程度呢？在过去的几年里，华盛顿特区的皮尤研究中心（Pew Research Center）发现，越来越少的美国青少年学习驾驶，自行车的销量迅速下跌，年轻人愈发不愿移居至另一个州，尽管那里有更好的工作机会。

然而在工程上，意外新奇性或许仍然有一丝希望。

一些大公司已经开始着手。2008 年，苹果公司为一个系统申请了专利，该系统可以将两个意外靠近的设备连在一起：例如，如果你在无意识中碰巧与你的朋友离得很近，你们的设备就会相连。谷歌的一款名为 Latitude 的应用也能做到相同的事情。

我不指望谷歌地图会发出指令，让我跟踪一个陌生人。但或许，谷歌公司可以利用它们的技术，在地图中除了“最快捷”和“最短”的线路选项之外，再加入一个“最冒险”的选项。

说到底，在我们日常使用的技术中加入一点点惊喜，我们或许就会重新开始注意到在一味追求效率的任务中所忽视的东西。“这是绝大多数流行书籍的核心情节，”波伊德说，“他们偶然遇到某些美好而奇迹般的意外与巧合，于是踏上了追求自由奔放的旅途。既然我们对这类故事如此着迷，那么又该怎样将这些幻想带回到真实中来呢？”

致谢

我自诩为一名投机家，但还不足以称这本书为我自己的主意。出版一本关于巧合与随机性的书的想法可回溯到当时《新科学人》（*New Scientist*）的总编辑（现为资深编辑）杰里米·韦布（Jeremy Webb）。这个念头在他的脑海里盘踞了很长时间，他向 Profile 出版社的安德鲁·富兰克林（Andrew Franklin）提起了这事。安德鲁是一个精明而变化多端的人，他立刻对此表示出兴趣，并立即着手推动出版的工作。

杰里米并没有仅仅停留在这个想法上。他首先对《新科学人》庞大的文章资料库进行初选，挑出可能符合该主题的文章。本书在一定程度上反映了他挑选的结果；不过，若要我老实说，反映得并不算多。勇敢而谦逊的杰里米本可以只是让我当一介合作编辑，但他实在是太谦虚太客气了，宁可在幕后默默工作也不愿走到台前。我能做的只是请他吃一顿午餐。如果你喜欢这本书，你理应去见他一面，说一声谢谢。

杰里米与安德鲁并不是促成此书的全部。它的出版还得益于《新科学人》的出版商约翰·麦克法兰（John MacFarlane），以及杂志社的众多优秀员工和作者。我尤其要感谢各位特约作者们，他们费心检查了我的编辑稿，并提出了许多改进意见。我还要感谢《新科学人》的各位专栏编辑、副编辑和图像工作者，他们的辛勤努力将书中每一篇文章打磨润饰得更加完美。特别感谢理查德·韦布（Richard Webb），他帮助我寻找并填补了《新科学人》资料库中的随机空缺。我也欠保罗·佛帝（Paul Forty）一声谢谢：他出色的项目管理能力将暗淡的前景转变为切实可行的任务，并最终结成一个美好而永恒的事物——一本出版的书。

通常，出版作品中的一切错误与纰漏都应归咎于编辑。然而，如果你从头读到了这里，你就应该明白这个说法需要改一改了。既然我们的整个宇宙都是建立在量子不确定性之上，被混沌所扭曲，被贝叶斯定律所包围，我们又如何能确定那些都是编辑的错呢？

迈克尔·布鲁克斯

关于作者

阿尼尔·阿南萨斯瓦米（Anil Ananthaswamy），曾任软件工程师，现任《新科学人》顾问。著有《物理学的边界》（*The Edge of Physics*）、《未曾存在的人：关于自我的奇怪新科学的探索》（*The Man Who Wasn't There: Investigations into the Strange New Science of the Self*）。

斯蒂芬·巴特斯比（Stephen Battersby），自由科学撰稿人，谜题设计者，《新科学人》顾问，善于撰写宇宙和宇宙中各事物的文章。

马克·布坎南（Mark Buchanan），物理学家、作家，出生于美国，现居欧洲。曾任《新科学人》特约编辑，并为《自然·物理》（*Nature Physics*）和彭博社（Bloomberg）撰写专栏内容。他还是媒体训练咨询公司“写作科学”（Write About Science）的联合创始人，著有《预报》（*Forecast*）。

格雷戈里·柴汀（Gregory Chaitin），数学家、计算机学家，曾在IBM沃森研究中心（Watson Research Center，位于纽约）工作数年，现为里约热内卢联邦大学教授、布宜诺斯艾利斯大学名誉教授。著有十余本关于数学和哲学的书，包括《元数学！欧米伽的任务》（*Meta Math! The Quest for Omega*）、《证明达尔文：让生物数学化》（*Proving Darwin: Making Biology Mathematical*）。

杰克·科恩（Jack Cohen），生物学家，著有《火星人长什么样？》（*What Does a Martian Look Like ?*）、《碟形世界的科学》（*The Science of Discworld*）。

保罗·戴维斯（Paul Davies），亚利桑那州立大学基础科学概念超前中心（Beyond Center for Fundamental Concepts in Science）的指导教师。

迪伦·埃文斯（Dylan Evans），作家、学者、企业家。著作《乌托邦实验》（*The Utopia Experiment*）展现他在苏格兰高地超前的生活体验。

鲍勃·霍姆斯（Bob Holmes），亚利桑那大学进化生物学博士，曾任《新科学人》首席记者二十余年，为杂志提供了超过800篇文章和报道。著有《味觉：我们最为忽视的感官的使用指南》（*Flavore: a User's Guide to Our Most Neglected Sense*）。

尼克·莱恩（Nick Lane），伦敦大学学院进化生物化学教授。著有《要命的问题：生命为何如此？》（*The Vital Question: Why Is Life The Way It Is ?*）。

凯瑟琳·德朗格（Catherine de Lange），《新科学人》生物医学方向的特约编辑。

格雷厄姆·劳顿（Graham Lawton），《新科学人》副编审。

罗伯特·马修斯（Robert Matthews），伯明翰阿斯顿大学量化研究的访问教授，也是一位科学作家，定居于牛津郡。

亨利·尼科尔斯（Henry Nicholls），记者、作家、播音员，专业为进化生物学、环境保护和科学史。著有《孤独的乔治：环保人物的生活与爱情》（*Lonesome George: The Life and Loves of a Conservation Icon*）、《熊猫之路：中国政治动物的趣味历史》（*The Way of the Panda: The Curious History of China's Political Animal*）、《加拉帕戈斯群岛：大自然的历

史》（*The Galapagos: A Natural History*）等。为《卫报》撰写博客“动物魔法”（*Animal Magic*），目前正在撰写一本关于睡眠及睡眠失调的书。

蕾吉娜·努佐（Regina Nuzzo），13 岁时便开始做数学培训生意，并坚持至今。现任华盛顿特区加劳德特大学统计学教授，经常在《新科学人》《自然》《科学美国人》和《洛杉矶时报》等出版物发表文章。

凯特·勒维利厄斯（Kate Ravilious），现定居英国约克郡，科学记者，为科学专业人士提供媒体咨询。她对地球科学和考古学有着特别的热情。

安吉拉·萨伊尼（Angela Saini），现定居伦敦，记者，BBC 科学主题电台节目的固定嘉宾。著有《极客国度：印度科学是如何占领世界的》（*Geek Nation: How Indian Science is Taking Over The World*）。

戴维·志贺（David Shiga），布罗德研究所（一家生物医学研究机构）的软件工程师。曾任《新科学人》记者。

劳拉·斯平尼（Laura Spinney），小说家、纪实文学作家、科学记者。著作《中央大街》（*Rue Centrale*）

是关于欧洲中央城市生活的研究成果。现居法国巴黎。

伊恩·斯图尔特（Ian Stewart），华威大学荣誉退休数学教授。已出版 80 多本书，包括《斯图尔特教授的神奇数字》（*Professor Stewart's Incredible Numbers*）、《为什么美即为真理》（*Why Beauty is Truth*）、《碟形世界的科学》（*The Science of Discworld*）等。

海伦·汤姆逊（Helen Thomson），任《新科学人》编辑和记者长达八年。著有《难以想象：世界古怪大脑的奇异之旅》（*Unthinkable: An Extraordinary Journey Through the World's Strangest Brain*）讲述世界上大脑最古怪者们的生活。

弗拉特科·韦德拉尔（Vlatko Vedral），牛津大学和新加坡国立大学量子技术中心（Centre for Quantum Technologies）物理学教授。著有《解码现实：量子信息中的宇宙》（*Decoding Reality: The Universe as Quantum Information*）。

克莱尔·威尔逊（Clare Wilson），《新科学人》作者、编辑，专注于医学领域的报道。

理查德·怀斯曼（Richard Wiseman），赫特福德大学公共心理学认知学院教授，主要研究方向为幸运、巧合、感知和欺骗心理学。著有多本畅销书籍，包括《幸运因子》（*The Luck Factor*）、《习惯学》（*Quirkology*）、《59 秒》（*59 Seconds*）等。

迈克尔·布鲁克斯（Michael Brooks），苏塞克斯大学量子物理专业博士，英国科学作家、《新科学人》杂志社顾问，多家报纸和杂志的固定撰稿人。著有《13 件不合理的事情》（*13 Things That Don't Make Sense*）、《科学背后的混乱》（*The Secret Anarchy of Science*）、《我们可以穿越时间吗？》（*Can We Travel Through Time？*）。

译后记

本书是将权威科普杂志《新科学人》中刊载的主题和内容相近的文章汇集而成。全书标题为 Chance，该词在词典中的释义为“可能性，几率；机遇，风险；偶然，巧合”。虽将标题译为“几率”，但在文中视语境采用了其他译法，读者可自行分辨。

“几率”也好，“巧合”也罢，从数学上看，它的本质都是“概率”。那么这是一本关于数学的书吗？非也，而这正是本书的奇妙之处：没想到，看似死板的数学概念，竟会与如此众多的学科息息相关，渗入生活和世界的每一个角落。除此之外，本书还将给读者带来另一种奇妙的体验：有些看似偶然的事情其实并不稀奇，而有些我们觉得理所当然的事情却远远没那么简单。在这两种感受中不停地切换的同时，读者将再一次体会到自然的奥妙和可畏。

由于每篇文章都涉及至少一个专业的领域，这本小书涵盖的内容可谓包罗万象。俗话说隔行如隔山，译者纵使有理工科的背景，也极难对如此多学科的内容有足够深入的理解。虽已尽力确保专业词汇和内容翻译准确，但限于学识和能力，错误和不当之处在所难免，望各位读者见谅。

翻译的过程中，Robert Tuohey、李陶然、倪安婕等人提供了诸多必要且有益的帮助和建议，译者须向他们表示感谢。

金泰峰

2017 年于北京

图书在版编目（CIP）数据

几率：运气、随机和概率背后的秘密 /（英）迈克尔·布鲁克斯编；冯永勇，金泰峰译．—北京：商务印书馆，2018（2022.4 重印）
（探索·新知）
ISBN 978-7-100-15762-9

Ⅰ. ①几… Ⅱ. ①迈… ②冯… ③金… Ⅲ. ①概率 Ⅳ. ① O211.1

中国版本图书馆 CIP 数据核字（2018）第 017529 号

几率

运气、随机和概率背后的秘密
〔英〕迈克尔·布鲁克斯 编
冯永勇 金泰峰 译

商 务 印 书 馆 出 版
（北京王府井大街 36 号 邮政编码 100710）
商 务 印 书 馆 发 行
北京艺辉伊航图文有限公司印刷
ISBN 978 - 7 - 100 - 15762 - 9

2018 年 9 月第 1 版　　开本 880 × 1240 1/32
2022 年 4 月北京第 4 次印刷　　印张 9

定价：59.00 元